# 小而美的庭院
# 花木修剪

[日] 上条祐一郎　著　辛鑫　译



江苏凤凰美术出版社

# 目录

## 本书的使用方法

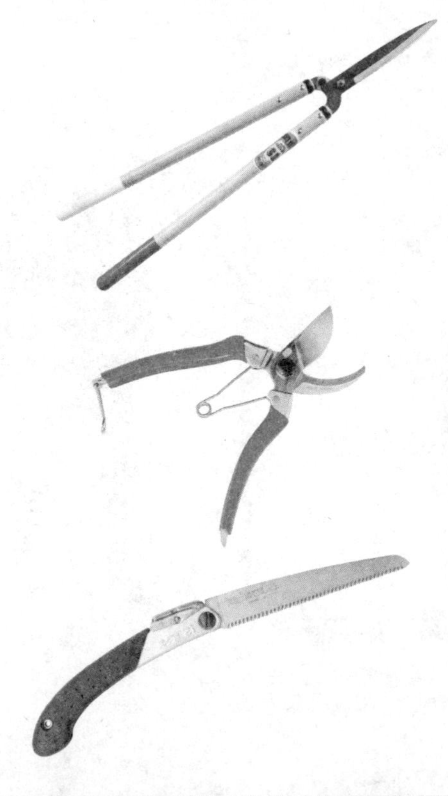

修剪过后，庭院清清爽爽。

这本书的写作目的是，让大家能够自己动手修剪庭院里的树木。从初学者也能零失败操作的修剪方法，到更加高级的修剪，这本书将一步步引导大家学习与实践。

修剪树木的方法本该因庭院树木的种类不同而有差异，但这可能会使修剪变得复杂且难以理解。因此，这本书把庭院树木分成了落叶树、常绿树、花木、针叶树、造型树、藤本植物6类，只要大家明白了树木的类型，就可以进行修剪了。

敬请各位在进行修剪作业时，带上这本书去庭院里。“树木修剪真是有趣！”如果大家可以发出这样的感慨，并且通过修剪工作感受到庭院树木是我们生活的一部分，那我就非常开心了。

上条祐一郎

## 本书的使用方法

**通过使用索引，找到要找的页码**

**整枝** **短截** **疏剪**

表示在几种基本的修剪方法中（12页），主要选用了哪种方法。

**基本型修剪**

仅需要最低限度的修剪，就可以使庭院的氛围发生不小的改变。如果是初学者，请从基本型修剪开始进行。

**应用型修剪**

这是更高阶段的修剪技巧，以满足“想要进行更高级的修剪”“想要解决一些问题”的读者的要求。

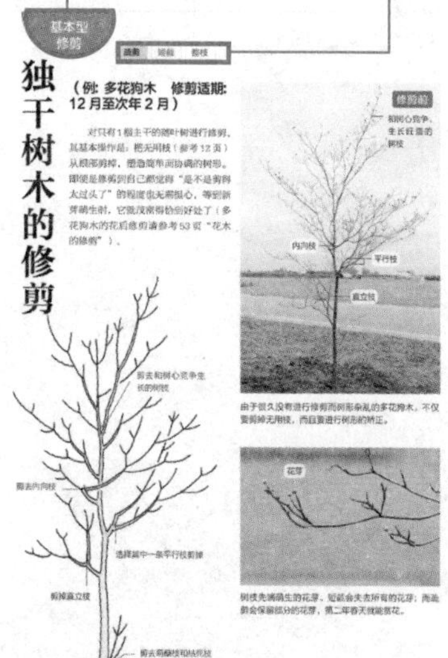

**修剪心得**

请先阅读这里。即使不知道某种庭院树木的名字或者种类，也能在这里（14页）查到应该看哪一章。

**第2–7章**

把庭院树木分成6种类型，并配以丰富的实物图片和解说。

**了解这棵树**

如果修剪使你对树木产生了浓厚兴趣，就请阅读这里。无论是修剪时间还是修剪方法，背后都有着深层的原因。一个人越是了解树木，内心就会涌出越多对庭院树木的热爱，修剪水平也会大幅提高。

**协助修剪的树木图鉴**

如果已经适应了修剪工作，就请参考图鉴，你会收获类型化修剪没有包括的、仅限于某个树种的修剪方法。

# 第1章 修剪心得

# 庭中有树的优点

庭院里有树的生活是极其多姿多彩的。树木在每个季节里都拥有自己的表情，比如在夏天，茂盛的枝叶遮住夏日的强光，为我们提供舒适的居住环境。庭院的树木是有生命的，有些树虽种下时很小，但会慢慢长大。随着岁月的推移而塑造出的树形和存在感，为庭院的设计又增加了一层深意——“时间”。

问题在于庭院的空间是有限的。 但是使用一定技巧，可以使庭院树木与人共存，并保持丰富多彩的空间。这就是树木修剪。

萌芽

枫树出芽。生命在春天苏醒。就让树木的萌芽告诉你春天的来临吧。从冬芽中伸展开的嫩叶，传递着大自然的神秘感。

盛开的多花狗木（大花四照花）。树会成为庭院的象征，而且在构造庭院上起到框架的作用。同时，它也会使人感觉庭院的空间被扩大了。

庭院的象征

花

土佐水木（蜡瓣花）。各种树木的花将庭院点缀得绚烂多彩，为各个季节的造访传信。万花的芳香在空气中飘荡，刺激着嗅觉，使人沉醉。

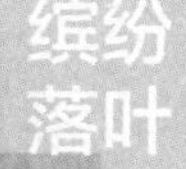

到了秋天，落叶树的叶子便变成红色、黄色、橙色等各种颜色，最终离开枝头，渲染大地。

树荫

随着夏天的来临，树叶颜色变得更加浓郁，为我们挡住刺眼的日光。树荫既成为了小草们的伊甸园，也成为了人们纳凉休憩之地。

树形（枝势）

含苞待放的辛夷。冬天，落叶树的树叶尽落，可以观赏优美的树姿及纤细的枝形。之后你也可以先人一步感受到春的气息，冬芽随着一场场雨慢慢地鼓起来，枝头也朦朦胧胧变了颜色。

# 你还在这样修剪吗？

## 你家的树还好吗？

树木修剪——为了使庭院树木和人类共存而生的技术。但是实际上，好像很多人都不知道什么时候该修剪树、如何修剪树，他们从不打理院里的树。

这样说起来，你上次修剪树是什么时候？如果想不起来的话就要给你黄牌警告了。此外，如果你的修剪方法错误，就有可能导致一些问题发生。

种下的时候还好，可是如果从不修剪，让树随意生长，等你意识到问题时就……

几年后

长得太大了！

因为长得太大，
所以想把它变小点，
果断地把树枝大段剪下！

长出了长长的树枝，
树变得乱蓬蓬……

完美的打理！
每年都把院子里的树一齐修剪一下。

但是花没开……

## 通过修剪重获美好的庭院吧！

这些问题都可以通过改变你的修剪方法来解决。

对树木进行正确的修剪，不仅可以改善树枝间的通风和日照情况、提高树木观赏性，而且可以减少病虫害的发生。这里有一些不伤害树木的基本修剪方法，就让我们从掌握这些修剪方法开始学习树木的修剪吧。

# 安全第一！谨记三点以防树木受伤

## 初学者的零失败修剪法

“如果没用对修剪方法，把树剪死了怎么办……”可能有些人因有这样的担心而畏首畏尾。但是对树木修剪的初学者而言，重要的不是高技术含量的修剪，而是不让树木受伤的修剪。

## 遵守三项原则，进行安全修剪

对树来说，通过修剪的方式断掉枝条，就像是做了次手术。和人类的手术一样，要对树的抵抗力下降采取预防措施，处理剪口处，防止霉菌（腐朽菌）的入侵是很重要的。修剪的时候有三点要注意，那就是选择修剪时期、选择正确的修剪方法、剪口处的正确处理。

遵守这三项防止树木受伤的修剪原则，一起进行安全的修剪吧。

### 1 修剪要选适期

树木的种类不同，修剪的适期也不同。如果在适期修剪，即便是剪下粗枝也不会对树木造成伤害。

请参考 14 页“因树而异修剪方法和修剪适期”、110页“各类型树木的修剪适期不同的原因”。

比如，对落叶树而言，叶落休眠的冬天就是修剪适期。因为一旦进入 3 月，即便还未长出新芽，树也开始了生长活动，所以最好在 2 月就修剪完毕。

## 2 修剪方法要正确

从树枝的根部彻底剪下，剪口会较早愈合。
请参考 16 页“工具的使用方法”、120 页“伤口愈合处理”。

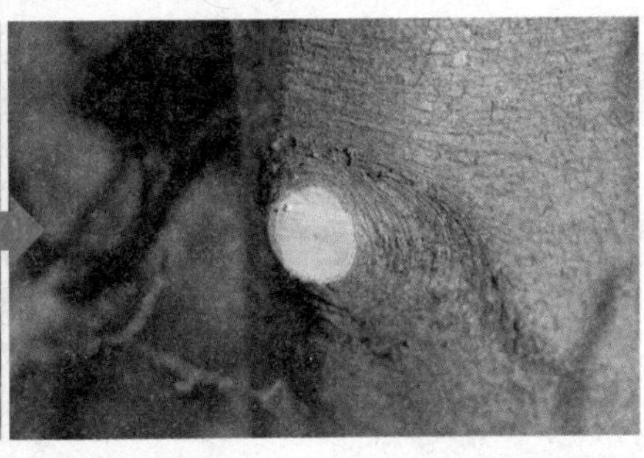

将树枝从根部干净地剪掉。平齐的剪口会加快伤口复原，最终愈合后会变得不再明显。

## 3 涂抹愈合剂

在粗枝的剪口上涂抹愈合剂，防止剪口处感染霉菌（腐朽菌）。
请参考 16 页“工具的使用方法”、120 页“伤口愈合处理”。

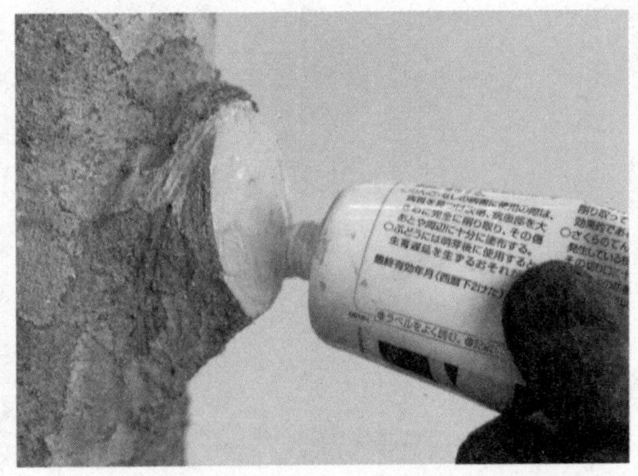

从剪口的中心到四周，都要毫无遗漏地涂上愈合剂。

# 基本的修剪方法——自然式整形之疏剪

## 3 种修剪方式中疏剪是基本方式

可以把修剪大体分为疏剪、短截、整枝三类，而疏剪是其中基础性的修剪方式。

疏剪时辨别无用枝非常关键。无用枝指的是，和树枝自然生长方向相反的枝条，如右图所示。庭院树木的树种有着自己特有的树形。按照这些形状进行修剪，就能不费力地塑造出树形，修剪后树木也可以规范生长。（参考 23 页、112 页）

## 每年修剪可减少树木受伤风险

每年进行修剪是最基本的。好几年才修剪一次树，不仅会因粗枝太多使修剪作业变得困难，而且会加大对树造成伤害的风险。如果每年都勤勤恳恳地修剪，不仅可以使树长得更加规范，而且会改善日照和通风、减少病虫害等，益处很多。

### 无用枝的种类

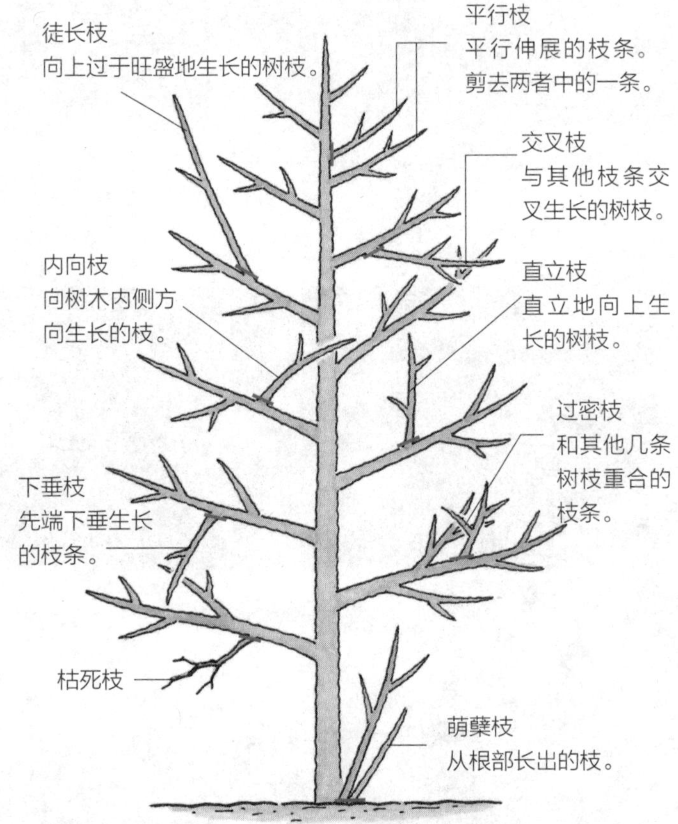


对于无用枝及其他杂乱的部分，可以从不同的方向对树进行观察来寻找入手处。迷茫时，可以从最容易看到树的地方观察（从客厅或者从门通向玄关的通道开始），从先看到的树枝下手。

在修剪作业的过程中，要不时地从与树有一定距离的地方观望整棵树，边确认树形边进行修剪是很重要的。

## 疏剪

疏剪又可以称为“疏”，是将树枝从基部剪除以减少枝量的修剪方法。其特征在于修剪结果非常自然，由于留下了树枝先端所以不会影响树木原始韵味，还有一个优点就是从此树也会稳定生长。

先从粗壮的无用枝开始修剪（强疏），再转移到对繁茂细枝的修剪上（轻疏）。在树枝的分枝点选一条枝疏剪，这时要注意配合整体树形。

## 短截

把树枝从中间剪短的修剪方式。对于长枝等无法使用分枝点修剪的情况，便可以使用短截。因为树木韵味的展现不可缺少的一项就是枝条先端，而短截会剪掉先端，所以过多使用这种修剪方法，不仅会使树形变得不自然，而且剪口处很容易长出几条新枝破坏树形，这些必须要注意。（参考118页）

## 整枝

把绿篱等植物表面萌生的新芽部分一律剪除的修剪方法。其是短截的一种，但是只剪掉新芽的部分，就像是花草的整枝一样，有促进树枝进行分枝、表层枝叶茂盛的效果。

**疏剪**

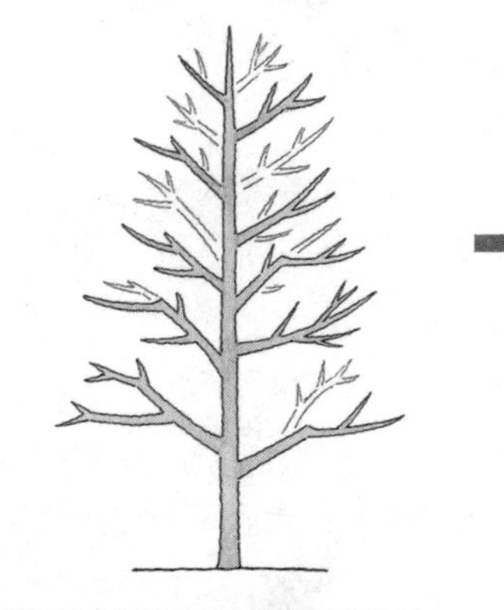

把明显的无用枝从根部剪掉，再将杂乱的小枝条从分枝点剪掉，留下其他枝条取而代之。

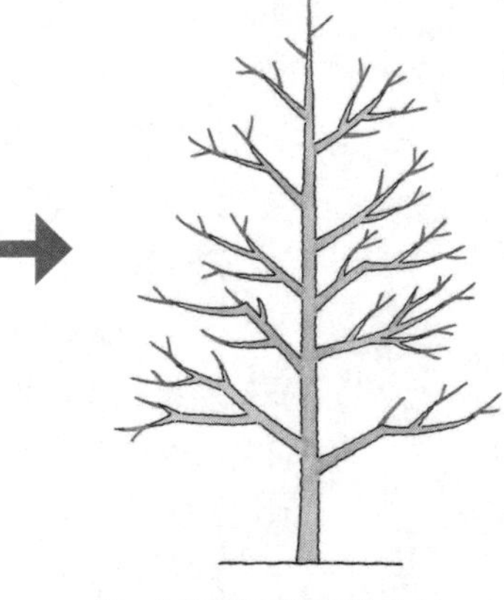

第二年树枝可以规范生长，也可以保持自有树形的韵味。

**短截**

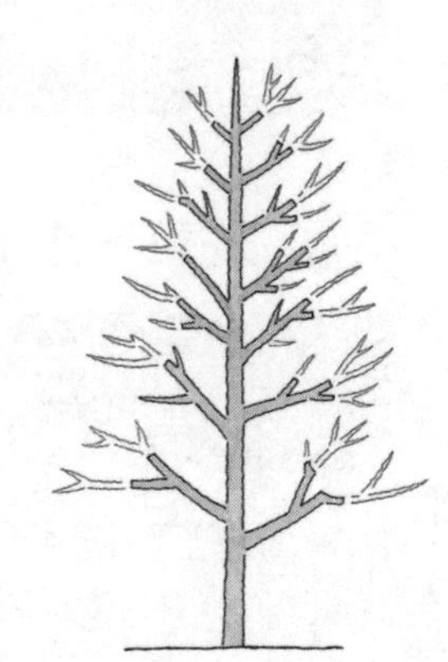

把枝条从中间截去。

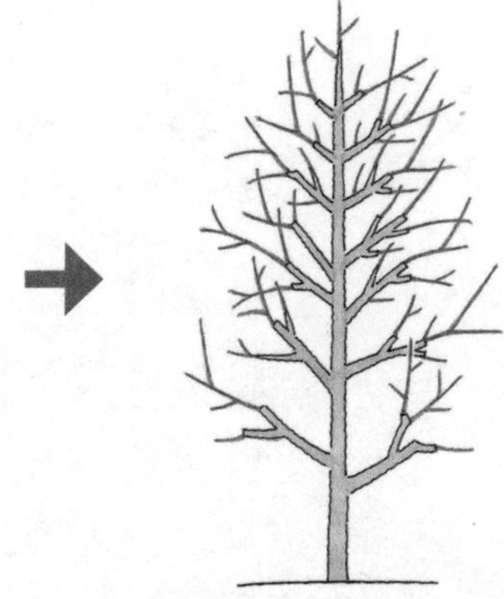

第二年从剪口处生出很多长势旺盛的枝条，易影响树的造型。

**整枝**

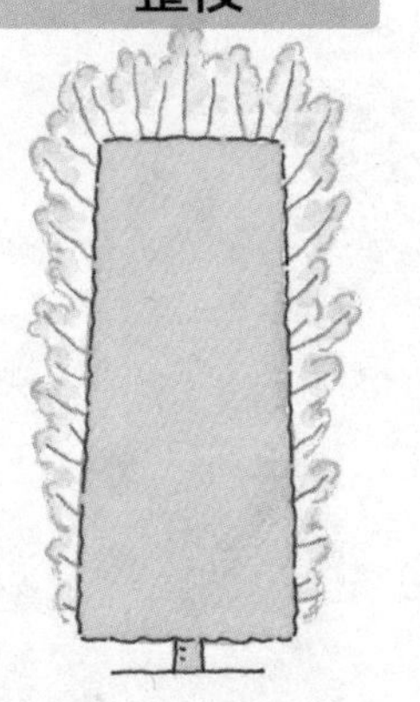

把树木表层的新芽一律剪掉。

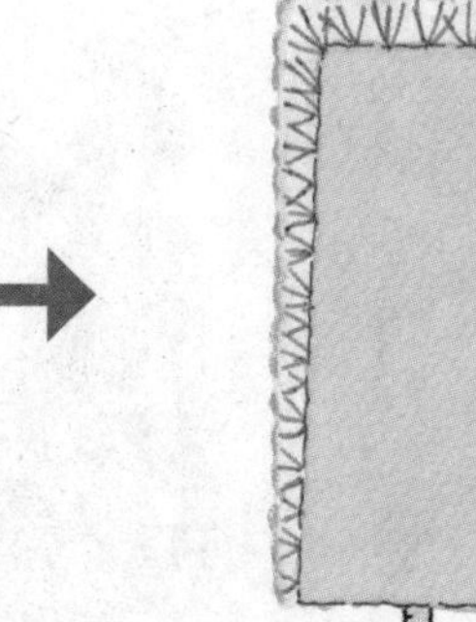

从剪口处分枝的无数枝条长了出来，使得表面枝叶密集，更加美观。

# 因树而异 修剪方法和修剪适期

## 你家院里的树是哪一类？

在院子里的众多树木中，可能会有你不知道名字的品种。在这种情况下，我们通过树的外表特征对树进行了分类，以便告诉大家应该看哪一章。但是如果读者是初学者，就请先看落叶树和常绿树的章节。这两章有关于修剪的所有基础内容。

你家院子里的树是哪种类型？

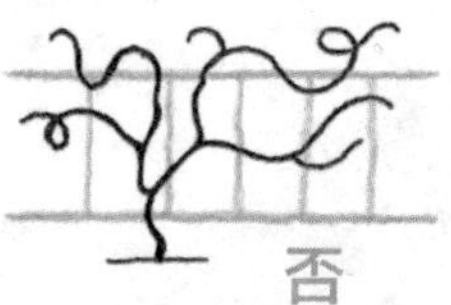

树干是否直立？

否：不能直立，必须缠绕在其他东西上。

是：是直立的

有一定的造型或形状吗？

是：被造型过

否：保持自然的形状

叶形宽阔吗？

否：叶子呈针状而且很细

是：叶宽且平

是否长有明显的花或果实？

是：会有

否：有，但是不醒目

冬天会落叶吗？

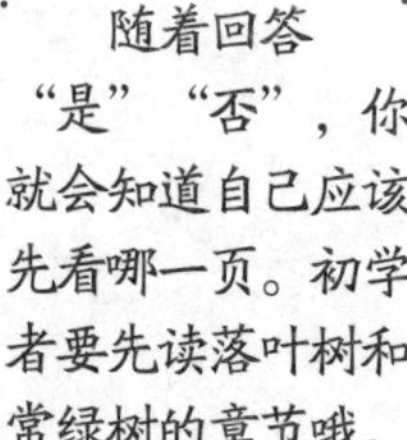

随着回答"是""否"，你就会知道自己应该先看哪一页。初学者要先读落叶树和常绿树的章节哦。

是：会落叶

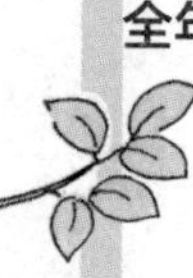

否：全年都有树叶

| 落叶树 | 常绿树 | 花木 | 针叶树 |
|---|---|---|---|
| 第2章<br>落叶树的修剪 | 第3章<br>常绿树的修剪 | 第4章<br>花木的修剪 | 第5章<br>针叶树的修剪 |

**已经知道你家的树是哪种类型、应该先看哪一章了吗？**
**对于不同种类的树而言，不伤树木的安全修剪时期也是不一样的。通过庭院树木修剪日历来确认一下什么时候修剪更合适吧。**

我们把修剪树木也不会对树木造成伤害的时期，叫作修剪适期，而不同类型的树其修剪适期也有差异。这是由于冬天树叶飘零的落叶树和全年覆盖树叶的常绿树内部结构的差别造成的。（参考 110 页）

与修剪适期在冬季的落叶树相反，常绿树和大部分的针叶树的修剪适期都是春季、初夏、秋季，它们是不能在冬天修剪的。另外，无论是哪种树，它们的修剪适期都不会是炎热的盛夏和春天新芽萌发的时期。

让我们用庭院树木修剪日历来确认修剪适期吧。

**庭院树木修剪日历**

| 月 | 1 | 2 | 3 | 4 | 5 | 6 | 7 | 8 | 9 | 10 | 11 | 12 |
|---|---|---|---|---|---|---|---|---|---|---|---|---|
| 落叶树 | | | 适期 | 紫薇、合欢等 | | | | | | 槭树、樱花树 | 适期 | |
| 常绿树 | | | 适期 | | | 最适期 | | | 适期<br>除了寒冷地带 | | | |
| 花木 | | | 引述的种类不同而有差别，请阅读第 4 章花木的修剪 | | | | | | | | | |
| 针叶树（除松树） | | | 最适期 | | | 适期 | | | 适期<br>除了寒冷地带 | | | |
| 造型树（绿篱） | | | 适期 | | | 适期 | | | | 适期 | | |
| 藤本植物 | | | | 适期<br>凌霄花 | | | | | | | 适期 | |
| 生长状态 | | 休眠期 | | | | | 生长期 | | | | | |

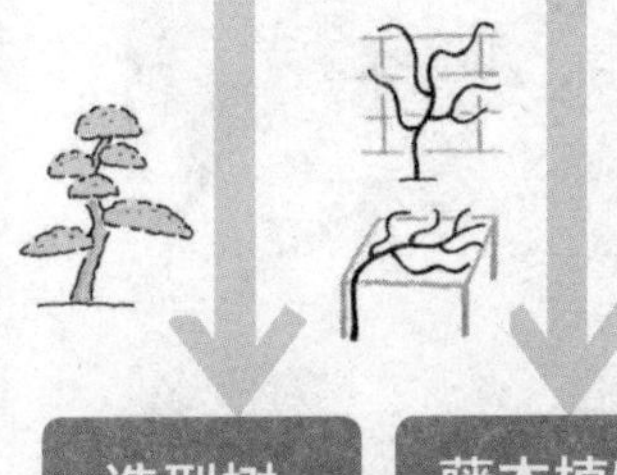

**造型树**
第 6 章
造型树的修剪

**藤本植物**
第 7 章
藤本植物的修剪

# 工具的使用方法

**修剪时，根据被修剪枝条的粗细、面积等区分使用的工具。确认好自己需要什么工具以及在选择时需要注意哪些点之后再购买，学会基本的使用方法就可以开始修剪作业了。**

基本工具

## 修枝剪

什么都没有也要有这把剪刀！

这种剪刀可以修剪直径 1.5 cm 以内的枝条。无论如何你都要有一把。可以选择一把轻一些的以便上手。在常规型号之外，还会有小一圈的女士款，也有左撇子款。

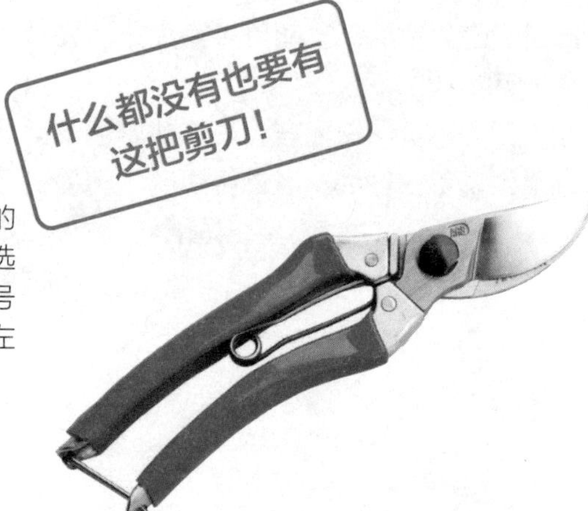

### 修枝剪的使用方法

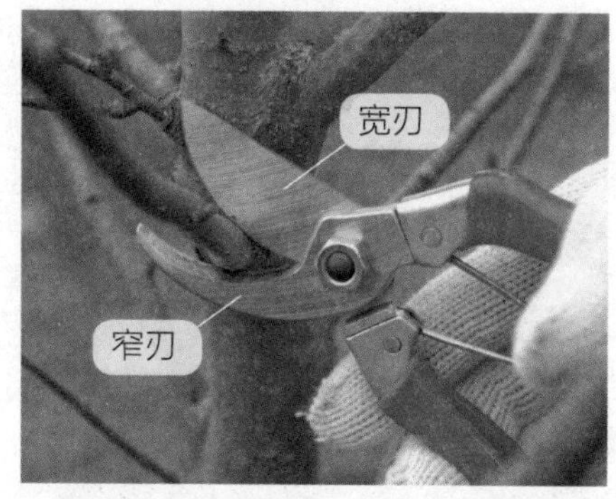


1 将宽刃靠近树枝根部，凭借剪刀根部发力将其剪下。

2 腾出一只手把枝条从上往下压，剪口面积就会增加，刀刃也更容易切入，这样可以不费力地剪下枝条了。

---

基本工具

## 园艺剪

园艺剪由于前端尖锐，所以使用起来比修枝剪更加灵活，用在疏剪杂乱密集的小树枝以及整枝的收尾工作中十分方便。它可以修剪直径 1 cm 以内的细小枝条，如果要剪超过此范围的粗枝，还是使用修枝剪吧。

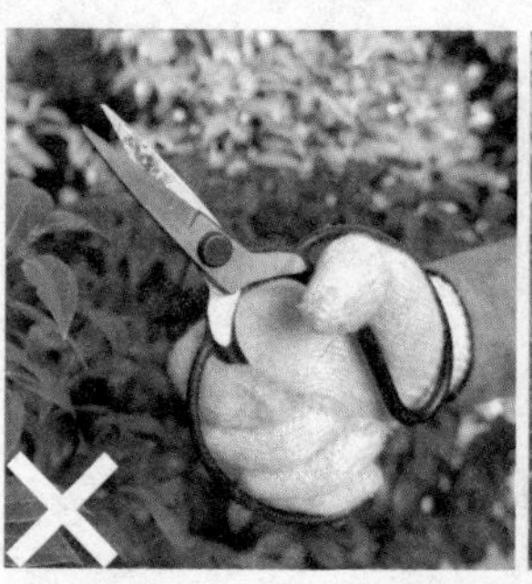

握剪刀时，大拇指穿过其中一个手柄，从中指到小拇指的 3 根手指穿过另一个手柄，而食指则放在手柄外侧，这样能保持剪刀前端的稳定，便于修剪（右图）。如果食指也穿进手柄里，就无法保持前端的稳定了（左图）。

基本工具 这个标志代表需要准备的基本工具。

## 基本工具 绿篱剪

这种剪刀用来修剪如绿篱、造型树、针叶树等需要进行大面积整枝的植物。它的特征在于具有修长的剪刃和手柄，与手柄相比，刀刃角度更垂直。挑选与手臂的长度和臂力匹配、重量不太大的绿篱剪。别硬去拿它修剪粗枝，粗枝可以用修枝剪除去。

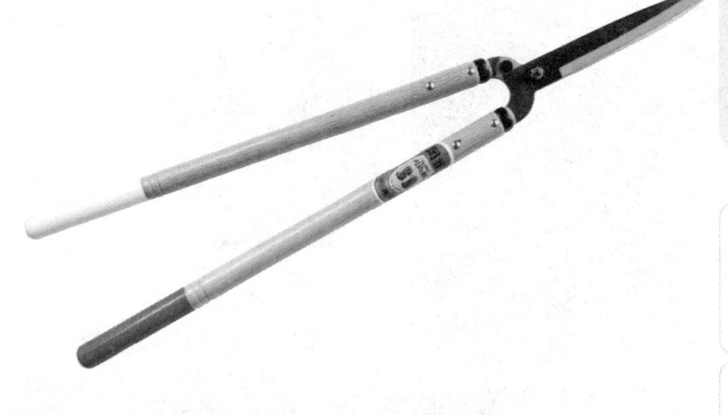

一般来讲，握住手柄的中间部分，摇动长柄时可以下意识地模仿钟摆的摆锤，这样就能像园艺师般有节奏地进行修剪了。

修剪绿篱时，要把刀刃调整到合适剪切面的角度。修剪侧面时按照从上到下的顺序进行，就能一气呵成了。

## 基本工具 修枝锯

用于修剪粗枝和树干。锯刃不会被树及其木屑阻滞，持锯的手和锯刃要稍有些角度，这样不用很费力就可以锯下枝干了。对初学者而言刃长 18 cm~21 cm 的修枝锯可能更容易使用。

### 粗枝要锯 3 次

1 首先在与树枝根部稍有距离的位置，从下向上锯入，锯出直径三分之一深度的裂口。

2 然后在距锯口 3 cm~5 cm 的位置，从上向下锯断枝条。

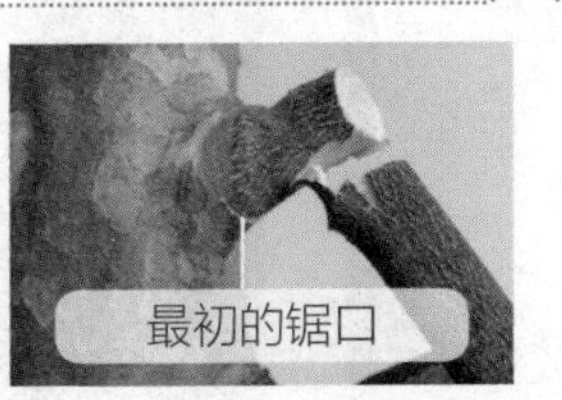


即便在锯的时候撕破了树皮也无需担心，它只能撕到最初锯出的裂口处。

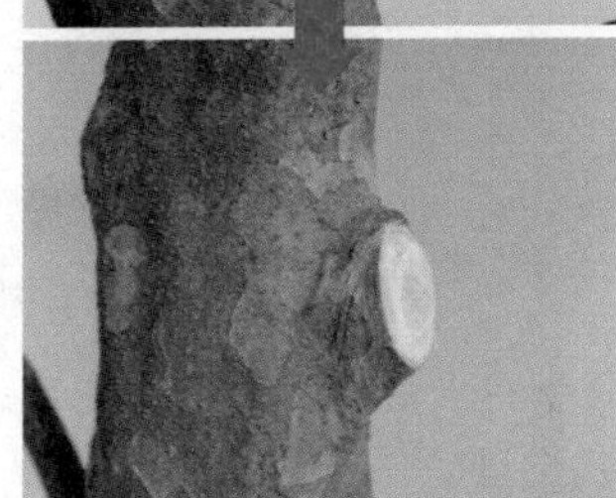

3 最后从根部修去残桩。

梯子放的位置如果会使你向正上方仰视要剪的枝条，就易失去平衡，非常危险。

把梯子的腿完全打开，将它放在稍微靠近要修剪的枝条的位置。上梯子时，先上一级，确认重心稳定后再慢慢上去。最上面的一级不好保持平衡，易发生危险，所以不要爬。

## 梯凳

有 4 条腿的梯凳，也有像右图里那样 3 条腿的园艺专用梯凳。因为在修剪树的时候，3 条腿的梯凳适用更多场合，可以穿插进树干的两侧、枝条的缝隙中，所以更推荐它。

剪高处的树枝时，使用梯凳是基本的方法。但是也有无法安置梯凳的场合，以及登上梯凳也没办法够到高枝的情况。这时候我们就需要使用以下工具了。

## 高枝剪

可以修剪高处树枝的剪刀，好像多数是伸缩式手柄。有像左图中的有把手可以操控刀刃闭合的手握式高枝剪，也有通过绳索牵引刀刃闭合的铡刀型高枝剪。购买前最好亲自试一试在伸缩的时候是不是固定得很牢靠、是否会变形、捏住把手是不是可以轻松地剪下去。

## 高枝锯

这是高枝锯，用来修剪长在高处且高枝剪无法剪断的粗枝。手柄也有可伸缩的款式。购买前需要确认在伸开的时候，是否易于操作，固定是否牢靠，是否会变形。

修剪时注意不要让树枝朝自己的方向掉落。作业时请戴安全帽。

## 愈合剂

以糊状膏剂保护剪口，防止杂菌、雨水等进入，也有助于周围的组织覆盖剪口。推荐使用含有杀菌剂的愈合剂。修剪造成的大剪口一定要涂上愈合剂。可以在家庭用品商店等处买到，有管装型和用毛刷涂抹的罐装型。

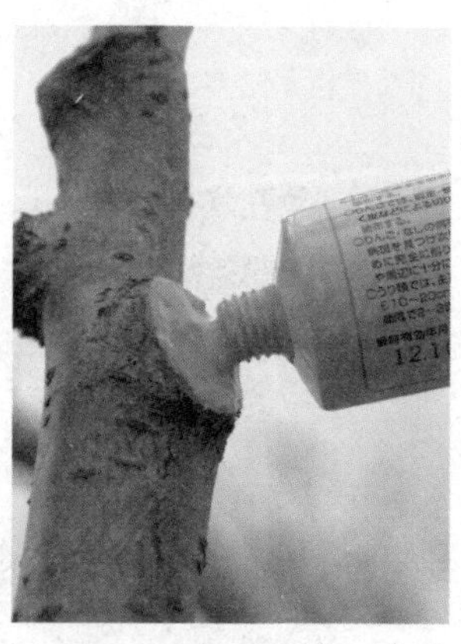

挤出管装的愈合剂，满满地涂在粗枝的剪口处。

## 电动绿篱机

在面对绿篱等需要一齐大面积整枝修剪的植物时，电动绿篱机是你提高效率的好帮手。由于它非常好用甚至让你感觉到很有趣，一年1~2次的修剪工作也变得没有那么辛苦了。

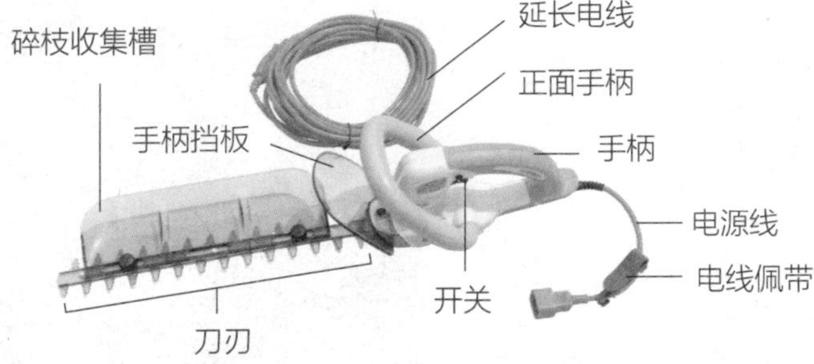


### 握持方法

左手紧握上侧手柄，右手紧握下侧手柄。按动手柄处的开关进行作业。

把电线调整到操作时所需要的长度，用电线佩带把电线固定在腰间。还要戴上手套，为了防止碎叶进入眼睛，最好也佩戴护目镜（参考右侧图片）。

### 侧面修剪方法

握紧两个手柄，保持绿篱机和待修剪的侧面成一定角度，然后向前推动，从上到下再从下到上双向修剪。

### 顶部修剪方法

电动绿篱机在修剪绿篱顶部时，可按照纵横交错的方向进行修剪，这样可以修剪整个平面。

如果碎枝收集槽积满了，就要关掉开关，待刀刃完全停下来后再进行清理。

**1** 从关闭开关到刀刃停止转动还需等待几秒。不要着急，等刀刃完全停下后再清理碎枝。

**2** 修剪时若电线缠在树枝上，就可能被误剪断。一定要把电线挂在腰间，不时地确认电线有没有被缠住。因为后退着修剪很容易使电线挂住，所以作业时应向前行进。

**3** 在组装机器或是保养刀具时，一定要拔掉电源以防事故发生。

**注意**

# 工具的保养

不管是什么工具，为了保持使用顺畅，都需要进行日常的维护保养。尤其是修剪作业中用到的剪刀、锯等工具，如果生锈、粘上树脂等，不仅会变脏、发出难闻的味道、降低工作效率，而且有时还会造成危险。同时，树的剪口如果不平整，就可能导致伤口恶化，甚至枯死。因此一定要养成修剪后随手保养工具的习惯。

## 修枝剪

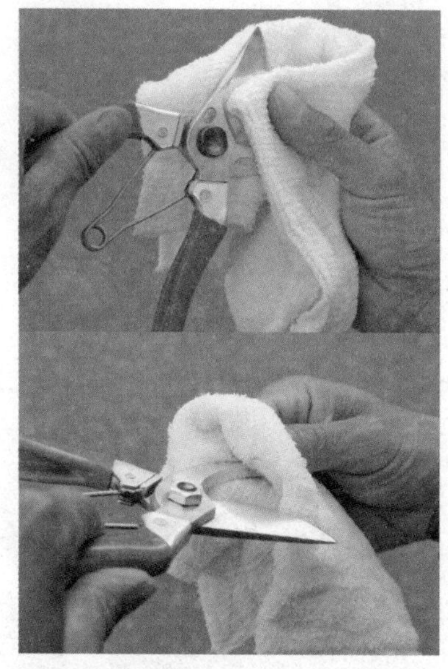

1 用布擦拭掉宽刃和窄刃上的污痕。使用脱脂剂会更轻松地擦掉黏附的树脂。为了防止生锈，在剪刀潮湿的时候就要将其弄干。

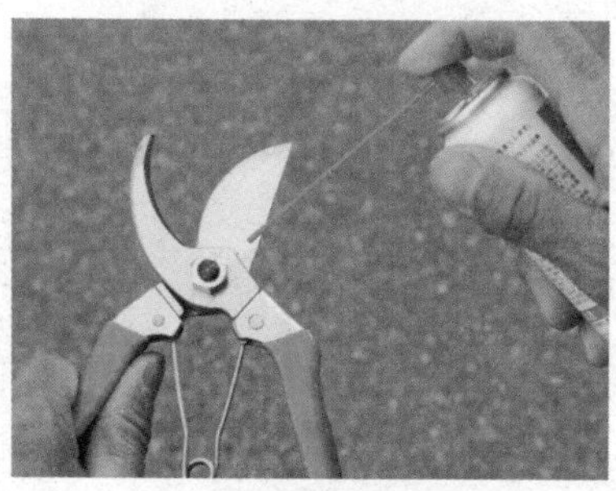

2 在剪刀的铆接处喷入硅油之后，开合剪刀几次，使硅油均匀融入其中。

## 修枝锯

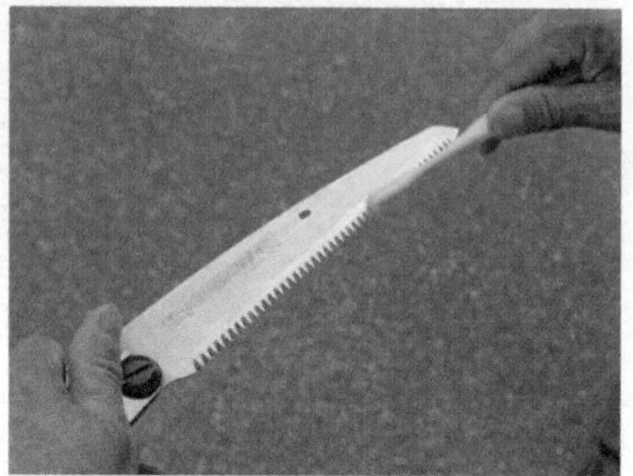

1 用牙刷把堵住锯齿的木屑等清理干净。

2 用布擦拭掉刀身的污渍。

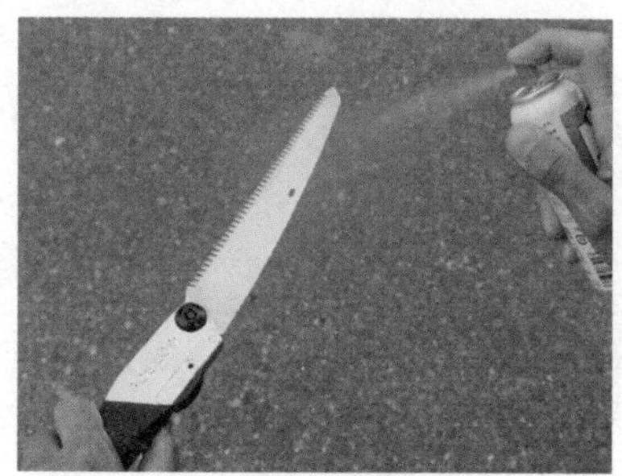

3 给刀身和可折叠部分喷上硅油。

## 绿篱剪

1 为了防止保养时刀刃活动，可以用胳膊和腿夹住手柄将剪刀固定。

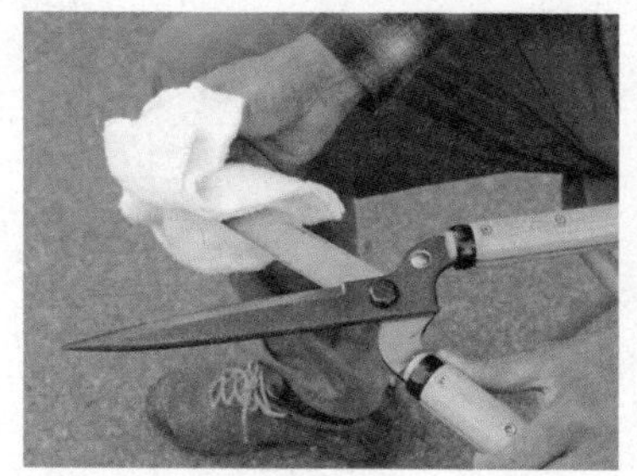

2 用布擦拭掉树液、木屑等。

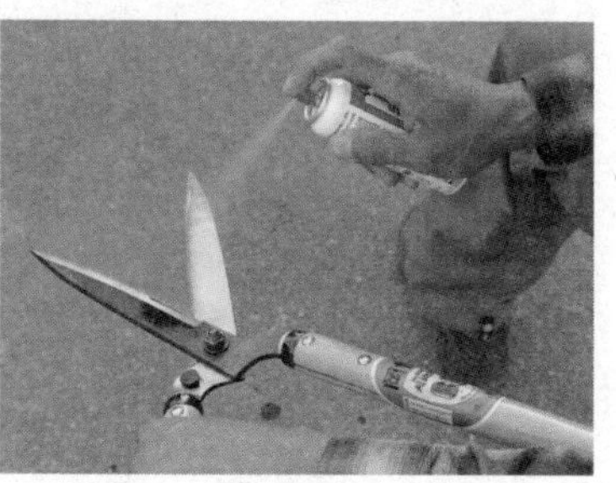

3 给刀刃整体喷上一层薄薄的硅油。

# 第2章

# 落叶树的修剪

# 落叶树的修剪适期在冬天

## 休眠时修剪伤害较小

落叶树在夏天时储存足够的营养，到了冬天就一齐落叶进入休眠了。落叶树的修剪适期在 12 月至次年 2 月。在进入休眠期后进行修剪，对树木的伤害会较小，即便是不小心剪多了也不用太担心会把树剪枯。此外在休眠期进行修剪的另一个优点在于，树叶落尽、枝条尽显，在修剪时可以更容易保持树形整体的统一。

但是需要注意的是，落叶树中有些品种的休眠期和其他的有所不同，它们的修剪时间是有限制的(参考右上表）。这些树主要是观花树木，为了不影响花芽生长，通常在花期后进行修剪（参考 53 页花木的修剪）。

## 疏剪是落叶树的基本修剪方式

落叶树的枝条先端纤细而美丽，在风中轻轻舞动。对落叶树而言，除短截外，疏剪也是基本的修剪方式。由于保留了枝条的先端，树姿的美感就被更好地展现出来。哪怕是枝条先端长了花芽的花木，花芽也不会被全部剪掉。

**修剪时期受限的落叶树**

| | |
|---|---|
| 深秋至初冬进行修剪 | 槭树类休眠期结束得很早，1月中旬就开始萌动了，如果这时修剪就会流出大量树液，所以应在12月修剪。<br><br>樱花树也苏醒得很早，所以应在12月内结束修剪。 |
| 初春进行修剪 | 如紫薇、合欢、木槿、凌霄花等，它们的休眠期结束得较晚，如果在距离苏醒还有很长一段时间的秋天就开始修剪，会导致植物储存的养分不够充分，变得虚弱，所以应在3月进行修剪。 |

**疏剪可保留树枝先端**

修剪前（左图）和修剪后（右图）的花楸。将不需要的枝条（无用枝）从根部疏剪掉。修剪后，树枝先端还保留着，不会影响树的韵味。

# 随自然树形修剪是关键

## 自然树形不只限于左右对称

如果是只有 1 根树干而且左右对称的树形，就比较好判断应该修剪哪些树枝。但是如果不是这样的树形，我们就可能会迷茫，不知道应该剪去哪些枝条。这时，如果我们了解了这种树的自然树形，就会知道应该剪哪些树枝了。

虽然落叶树的树形多种多样，但主要有右图和下图所示的 5 种类型。随自然树形修剪的优点在于，既可以使修剪后长出的树枝不破坏树形，又可以使树形得以规范（参考 112 页），花芽也不会被全部剪掉。

### 落叶树主要的自然树形

❶ 卵形、圆球形、塔形：有 1 根从头到尾都笔直挺拔的树干，且从树干上长出的枝条也基本左右对称。

如连香树、辛夷、多花狗木（大花四照花）、白桦等。

❷ 杯形、不定形：树干上部的枝条伸展成杯形，不限于左右对称。

如槭树类、榉树、紫薇、樱树等。

❸ 垂枝型：枝条先端下垂。

如垂枝红叶、垂枝樱、垂枝碧桃等。

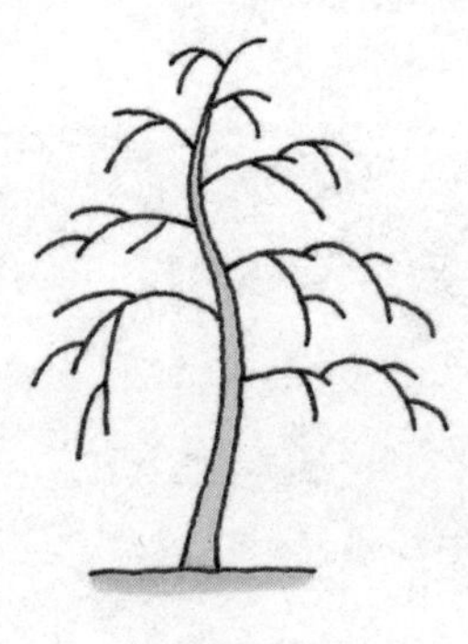

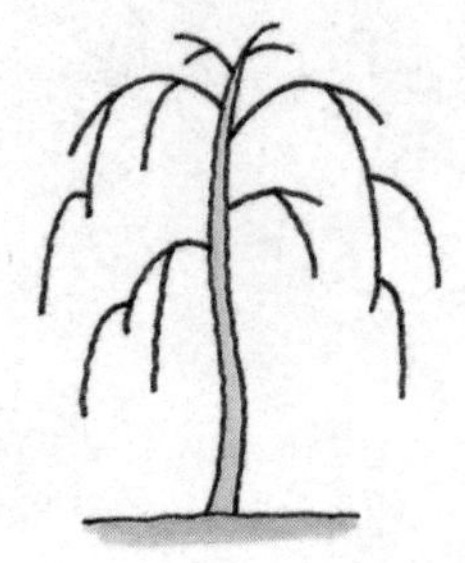

❹ 丛枝型：有几根直立的树干。

如蜡梅、钓樟、野茉莉、加拿大唐棣等。

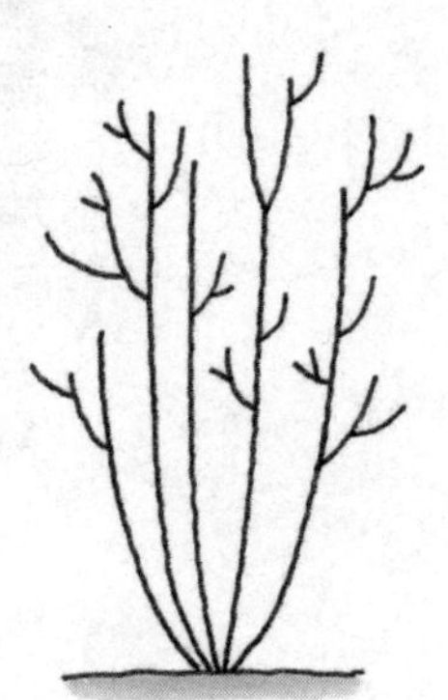

❺ 拱枝型：从根部长出许多枝条。

如麻叶绣线菊、珍珠花、连翘等。

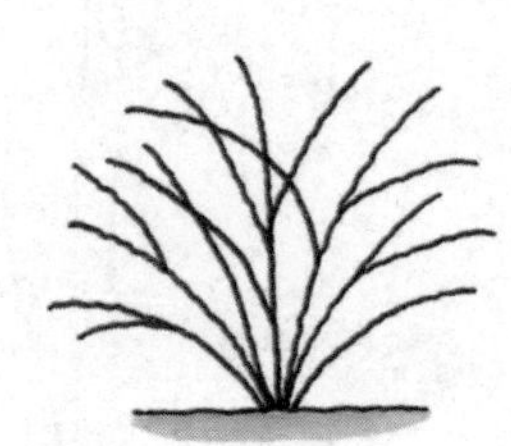

修剪心得 落叶树 常绿树 花木 针叶树 造型树 藤本植物 了解这棵树

基本型
修剪

疏剪 短截 整枝

# 独干树木的修剪

## （例：多花狗木 修剪适期：12 月至次年 2 月）

对只有 1 根主干的落叶树进行修剪，其基本操作是：把无用枝（参考 12 页）从根部剪掉，塑造简单而协调的树形。即便是修剪到自己都觉得“是不是剪得太过头了”的程度也无需担心，等到新芽萌生时，它就茂密得恰到好处了（多花狗木的花后修剪请参考 53 页“花木的修剪”）。

剪去和树心竞争生长的树枝

剪去内向枝

选择其中一条平行枝剪掉

剪掉直立枝

剪去萌蘖枝和枯死枝

由于很久没有进行修剪而树形杂乱的多花狗木。不仅要剪掉无用枝，而且要进行树形的矫正。

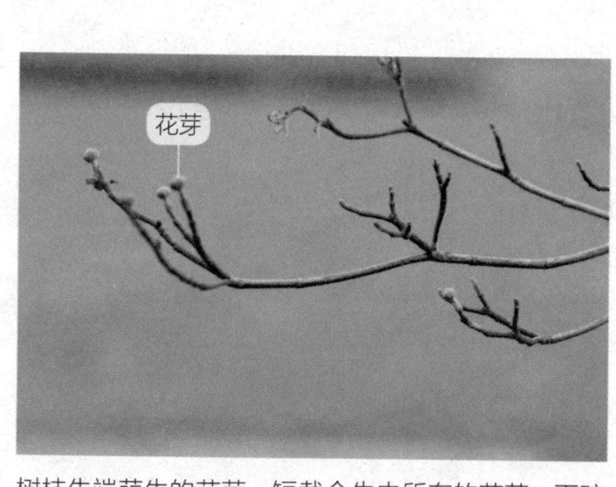


树枝先端萌生的花芽。短截会失去所有的花芽；而疏剪会保留部分的花芽，第二年春天就能赏花。

**从粗壮的无用枝下手**

## 1

首先剪去萌蘖枝和枯死枝等，然后把其他无用枝从根部剪掉。这是直立枝，因为之前的放任，现在它的上部已经分枝了。

直立枝的生长力很旺盛，它会使主干变得虚弱，严重的会使主干枯死。

## 2

如同横切主干一样向主干侧伸展的内向枝。

内向枝会导致树的内侧密集混乱、通风变差。另外从内向枝上容易发育出直立枝。

## 3

平行枝。在两条平行枝之中，选择直立向上、长势旺盛的树枝剪掉。

同一平面内上下重叠的平行枝会互相争夺阳光等，甚至最终两败俱伤，一齐枯死。

## 4

也要剪掉和树心竞争、直立生长的枝条。因为它的生长态势太强劲，如果放任不管会导致树木向右侧弯曲生长。在修剪完无用枝后要远离树木观察一下，再修整树形。修剪杂乱细碎的部分，再将过长的树枝从根部或分枝点剪下。

**剪掉和树心竞争的树枝**

变成了小巧紧凑而清爽利落的树形。

基本型修剪

疏剪 短截 整枝

# 树木的定形修剪

## （例：小叶团扇枫 修剪适期：12月）

槭树有很多不是左右对称、树干笔直的品种。为了让上部迎风舒展的树枝保持平衡，同时营造从树干到枝头的流畅线条，就需要对树木进行修剪。

应把树枝修剪至向外舒展的状态，以塑造自然柔和的枝势。先将大树枝依次剪去（强疏），再清理掉杂乱细小的枝条（轻疏）。

**要点**

虽然小叶团扇枫的树形和左右对称的基本树形有差异，但对于内向枝、直立枝、平行枝等树枝的判断，仍是按照树枝与树干的关系进行。尤其是直立枝，对槭树的观赏性影响很大，一定要剪掉。

这是刚种下的树苗，是一株基本未经修剪、恣意生长的小叶团扇枫。树干笔直，树形杂乱。

**注意**

**槭树的修剪适期为12月**
槭树类的休眠期比其他落叶树要短，所以要在12月内修剪完。

从树干到枝头的线条

A 剪去从枝干上长出的直立枝、下垂枝等明显的无用枝。
B 剪去内向枝。
C 剪去交叉枝。
D 如果大规模修剪到此为止，就可以把旺盛直立生长的树心（树干）剪去，留下向外侧生长的其他树枝。
E 剪除细小的平行枝、过密枝，参考整体进行修剪，留下生长方向向外的枝条。

**剪去明显的无用枝**

1

把从树的基部长出来、对树形影响较大的直立枝（箭头所示），以及树干上长出的下垂枝从根部剪去。

2

这是向树内侧生长的内向枝，要从根部剪去。

**3**

这是两条直立枝，它们也互为平行枝。要把它们剪掉，留下向外侧生长的树枝。

**4**

把缠在树干上的交叉枝从根部剪去。

**疏剪细小杂乱处即可完工**

**6** 对于杂乱密集的部分，可剪去竞争枝和其他不和谐的枝条。这条枝稍有直立的倾向，顶部为轮生枝（自同一节向四周放射状生出几条枝），因此要剪掉。

**7** 把树干和主枝上的内向枝剪去，疏剪过密枝。

**塑造向外伸展的树形**

**5**

对树的大幅修剪结束后，可以枝换枝，将笔挺的树心（树干）剪去，留下向外伸展的树枝。

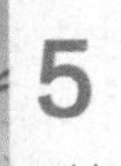

**注意**

**忌过度疏剪槭树**

若槭树类的树干被强烈日光直射，则易导致日灼。对于小叶团扇枫等树枝长度有限的品种，请注意不要过度疏枝，保证恰当的枝叶密度。

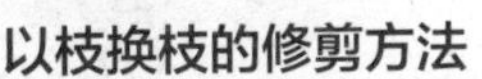

**以枝换枝的修剪方法**

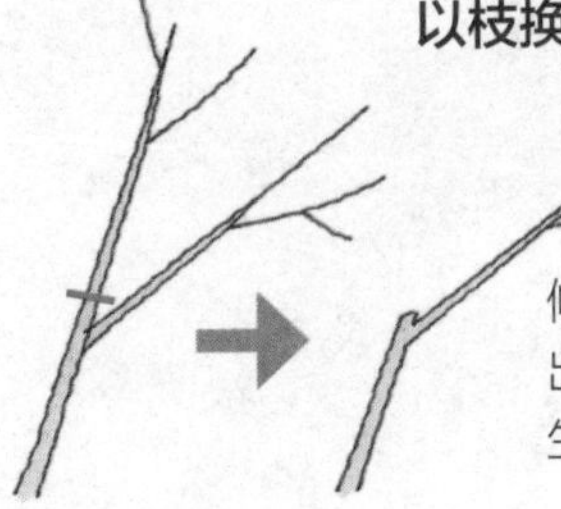

修剪时，保留中途长出的新枝，留下向外生长的树枝。

这样就大致清理干净了。为了防止树木疯长，我们留下了一部分无用枝（如平行枝），等几年时间新枝长出后，就可以将其剪去。

基本型修剪

疏剪　短截　整枝

# 杯形树木的修剪

## （例：黄栌的幼树　修剪适期：12 月至次年 2 月）

你有过把盆栽树木移植到庭院后，树迅速变大的经历吗？幼树成长十分迅速且多主干的树正是困扰我们的典型树形。

成年黄栌的自然树形是杯形、不定形，上部枝条伸展开。让我们想象着这个形状来开始修剪吧。

**要点**

直立旺盛生长的粗枝会萌生长势强劲的芽，如果视而不见，它就会发育成强健的树枝。在此，为了压制它的生长力，我们可以剪去这些树枝，留下向外侧生长、比较规范的树枝。

黄栌的幼树。树枝一年可以生长 1.5 m~2 m。如果不修剪，第二年每条树枝上都会长出 2~3 条生长十分旺盛的枝条。

### 首先剪去明显的无用枝

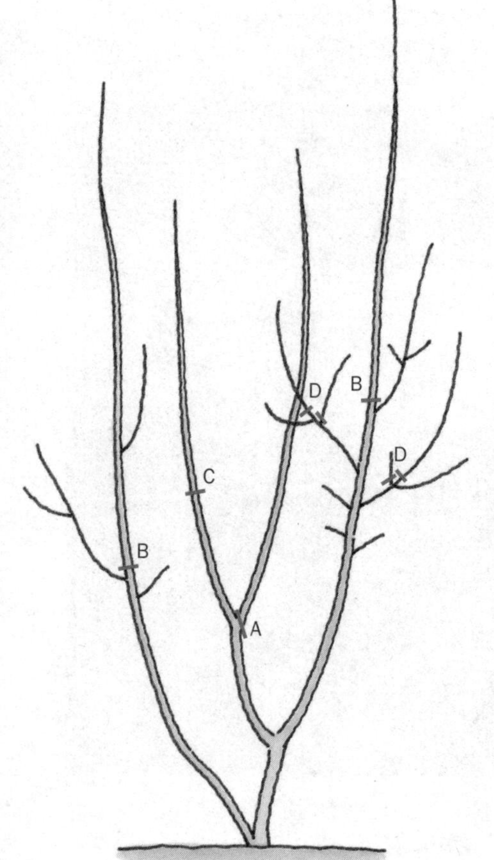

**1**

剪去生长旺盛的徒长枝，作为替代，留下朝向外侧、长势较弱的树枝。

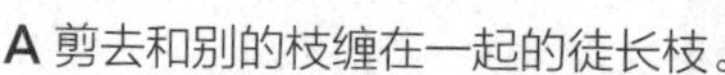

**A** 剪去和别的枝缠在一起的徒长枝。

**B** 剪去生长强势的徒长枝，留下向外侧生长的长势较弱的树枝以替代它。

**C** 如果没有可以替代的树枝，从根部剪去树枝又会导致整体的不协调的话，则可以将其剪至外芽的前端（以使第二年长出与树形协调的树枝）。

**D** 根据整体树形，剪去无用枝等，留下向外侧伸展的树枝，再把细碎混杂的树枝疏剪掉就基本完工了。

**2**

在当年长出的长势较强的树枝中，选择明显的无用枝从根部剪去。

**3** 如果从根部剪去树枝会导致树形变偏，且没有枝条可以代替被剪去的树枝的话，可以把外芽的前端部分剪去（参考 117 页）。

**疏剪细碎杂乱的枝条后就完工了**

**4** 从根部剪去自树干、主枝发育出的细枝、闷心枝和杂乱拥挤的枝条等。

**5** 在粗枝的剪口处涂上愈合剂来保护伤口。

已经基本奠定了成长为杯形树形的基础。虽然左侧的树枝有些少，但到了次年春天，被剪短的树枝就会长出新的枝条（如点线所示），使树木充满生机。

闷心枝拥挤无序，徒长枝恣意生长。

清爽整齐。第二年长出的树枝也很难扰乱树形，树形基本规范。

## 成年黄栌的修剪

对于长期未修剪、已经长成巨大杯形树形的黄栌，修剪方法也是类似的。把无用枝剪掉，将生长态势过强的树枝从根部剪除，保留生长态势不强的树枝。即便是在修剪前树形凌乱的树木，用这种方式修剪都可以变得清爽整齐。另外，成年黄栌的修剪适期是在 12 月至次年 2 月。

疏剪　短截　整枝

# 垂枝型树木的修剪

## （例：朱红垂枝红叶
## 修剪适期：12 月）

如果让垂枝型的树随意生长，它的垂枝就会加重枝的重量，导致内侧树枝枯死。修剪这种树的关键是：把枝条想象成从顶部缓缓倾泻的瀑布，通过如同弓箭般向外侧伸展的枝条来塑造树形。

修剪时，可以选择留下曲线形而非直线形的树枝。

修剪前

放了 2~3 年的朱红垂枝红叶。树枝生长过长、互相重叠，非常杂乱。

**先除去枯死枝，再把明显的无用枝剪去**

**注意**

**在 12 月内修剪完槭树**
槭树类的休眠时间较短，所以请在 12 月内结束修剪。

**1** 重叠部分的树枝很容易枯死。仅靠眼睛是很难判断槭树的枯枝的，应该一边用手确认，一边折下枯死的细枝，如果是较粗枝条可以用剪刀剪掉。

**垂枝型树枝的线条方向**
柔软的枝形就像缓缓流下的瀑布一般。



**2** 从根部剪掉明显的无用枝。这是向内侧生长的内向枝。

A 剪除枯死枝。
B 剪去内向枝、直立枝、断崖式下垂的枝条等线条不美观的无用枝。
C 通过树枝的线条走向，判断在上下重叠的枝条中剪去哪根。
D 留下向外侧伸展的枝条，以替换剪掉的长枝。如果没有可替换的枝条，可以剪去上芽（长在树枝上侧的芽）的前端。
E 疏剪混杂的枝条（在整个修剪过程中可以随时进行，这样更容易看出枝条的走向）。

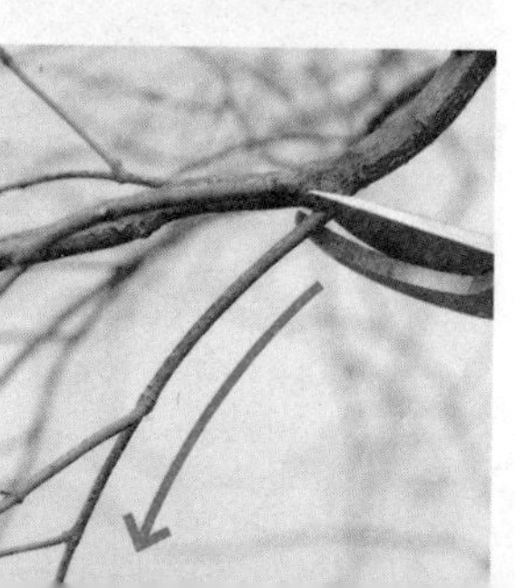

**3** 直接下垂的树枝也会影响树整体的线条走向，应该剪掉。

4

上下重叠的枝条中，留下呈曲线形的枝条。因为沿直线伸展的枝条会破坏整体线条走向。

5 剪去过长枝条，留下向外侧伸展的树枝。此时树枝应该修剪成向外展开的曲线形。

6

剪去靠近树干侧长出的、有直立生长倾向的树枝。从根部剪除过密枝。

7

剪去枯死枝、无用枝，并完成对杂乱部分的疏剪后的状态。

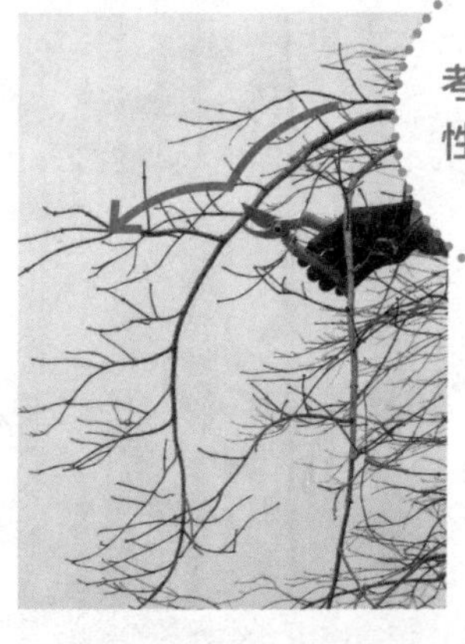


8

以枝换枝，剪去过长的树枝，留下向外侧延展的树枝。

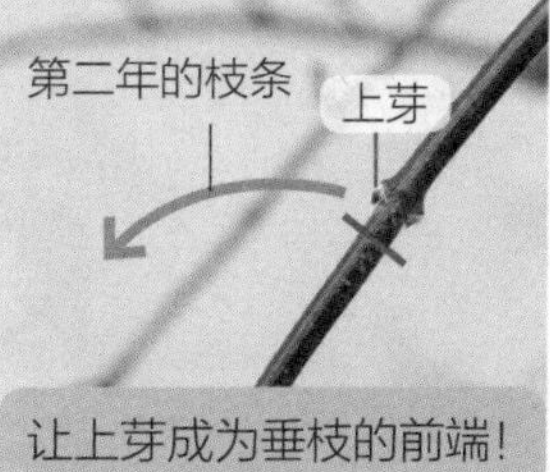


9

有些过长的树枝如果被剪去，就没有可以替代它们的树枝，在这时把树枝剪至上芽的前端。

10

树顶的垂枝如果太长，就会影响整体协调感，要把它剪成较短的枝条。

宛如换了棵树一样清爽，枝条也变得婀娜柔美了。期待春天萌芽时期的到来。

疏剪 短截 整枝

# 丛枝型树木的修剪

（例：假山茶 修剪适期：12月至次年2月）

修剪从根部长出多条主干的丛枝型落叶树时，首先要剪去多余的下枝（位于树下部的枝），这样可以看清主干的根部，然后剪去向植株内侧方向伸展的树枝，以及拥挤混乱的无用枝。仅仅是这样就可以塑造出清爽美丽的树姿了。

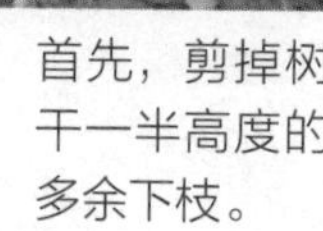

1 首先，剪掉树干一半高度的多余下枝。

2 向主根一侧生长的树枝相当于内向枝，要全部剪掉。

3 把平行枝（上图所示）、交叉枝等无用枝剪掉。

6根主干都变得清爽干净了，上部的枝条也利落整洁了。

如果把几根树干看作1根，就可以看清无用枝是哪些了。

把它们看作1根树干

丛枝的干

A 修剪掉所有在树干一半高度以下的下枝。
B 剪掉伸向主根侧的树枝。
C 剪去平行枝、交叉枝等。

# 拱枝型灌木的修剪

（例：紫叶风箱果
12月至次年2月）

修剪适期：

修剪前

粗枝长至上部分枝了

粗枝不仅长得过高，而且在上部还会分枝，给人凌乱的印象。

把变粗的老枝从根部剪掉。

从老枝上长出的新枝（上图）。可以从分枝处剪去老枝，留下新枝代替它（下图），如果不想保留，也可以从根部剪去老枝。

**要点**

因为内侧的枝不易修剪，所以一开始就要尽量看清所有的无用枝，从外侧容易修剪的树枝入手。

第二年的花芽在去年秋天长出的品种，其修剪以花后修剪为主（参考63页）。但是由于从根部长出的枝条太多，所以在树枝很杂乱的情况下，也可以在冬天把当年长出的粗枝、长枝从根部剪除，这叫作修剪老枝，也是疏剪的一种，使用这种修剪方法，不会剪掉枝条先端所有的花芽。

**A** 从根部剪掉粗枝。
**B** 如果老枝上长出新枝，也可以剪去老枝、保留新枝。

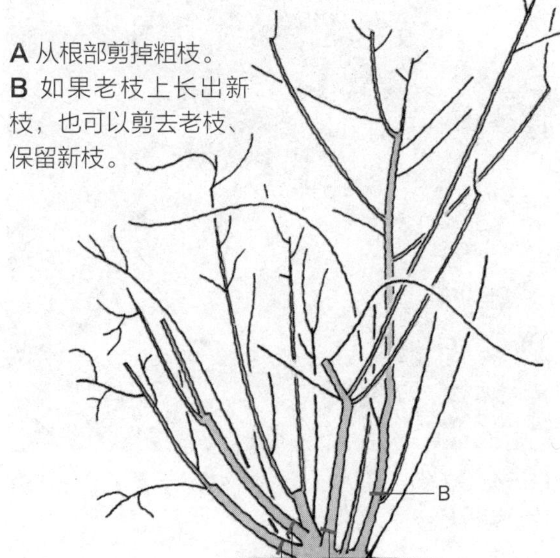


修剪后

树在变得袖珍的同时，树枝也在更新，枝势变得柔和。

# 不能一次剪太短!

## 一步步来，慢慢修剪

经常可以看到有些人因为树长得过大就果断地一次性剪小，结果树变得更丑了。如果一口气把树剪短，就会给树带来强烈的刺激，使本来努力向上生长的树无法长高。充满活力的根部和新芽数量大幅缩减的树枝之间无法达到平衡，树就会做出反抗，长出大量的徒长枝，造成疯长的现象，对树形有很大的影响。

要把长得很大的树成功缩剪，关键在于对树的刺激不要过于强烈，花上几年时间慢慢地修剪，同时注意不要将树枝从中短截，而是采用交替疏剪树枝的方法，确保可以释放树木生长力的空间。

**树枝交替疏剪的方法**

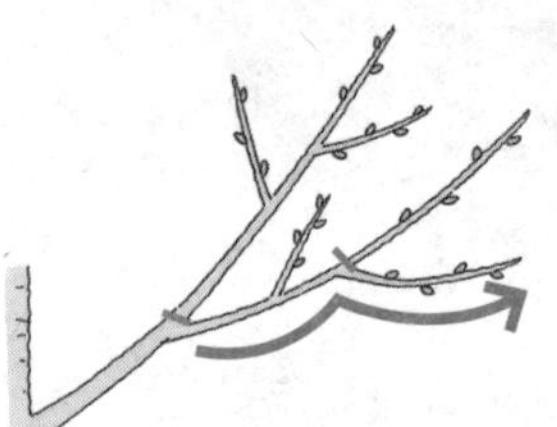

留下向外伸展的树枝，疏剪枝条，改变树枝线条走向

## 防止树枯死必须遵守的原则

在这里以落叶树为例进行解说，但是这些基本方法对于常绿树、针叶树等也是通用的。缩剪树木是剪去干、粗枝等的高强度修剪。对修剪后留下的大面积剪口而言，腐朽菌侵入的风险很高，如果之后的处理措施不得当，就会成为树干、树枝枯死的原因。为了防止这种情况发生，请务必遵守以下 3 条原则。

1 根据不同树种的修剪适期进行修剪。落叶树的修剪适期是冬天，常绿树的修剪适期多在春天和初夏，针叶树的修剪适期为初春。

2 在剪口处涂抹愈合剂（保护剂）。

3 相对来说落叶树修剪失败的情况较少，而修剪常绿阔叶树和针叶树时要注意，如果修剪到没有叶子的部分，就会造成树枝枯死。

被一刀切后疯长的树

由于在冬天树干和树枝被一次性剪短，夏天长出大量徒长枝的色木槭。

## ●树的缩剪及此后树枝的生长轨迹

※ 只展示主要枝条。

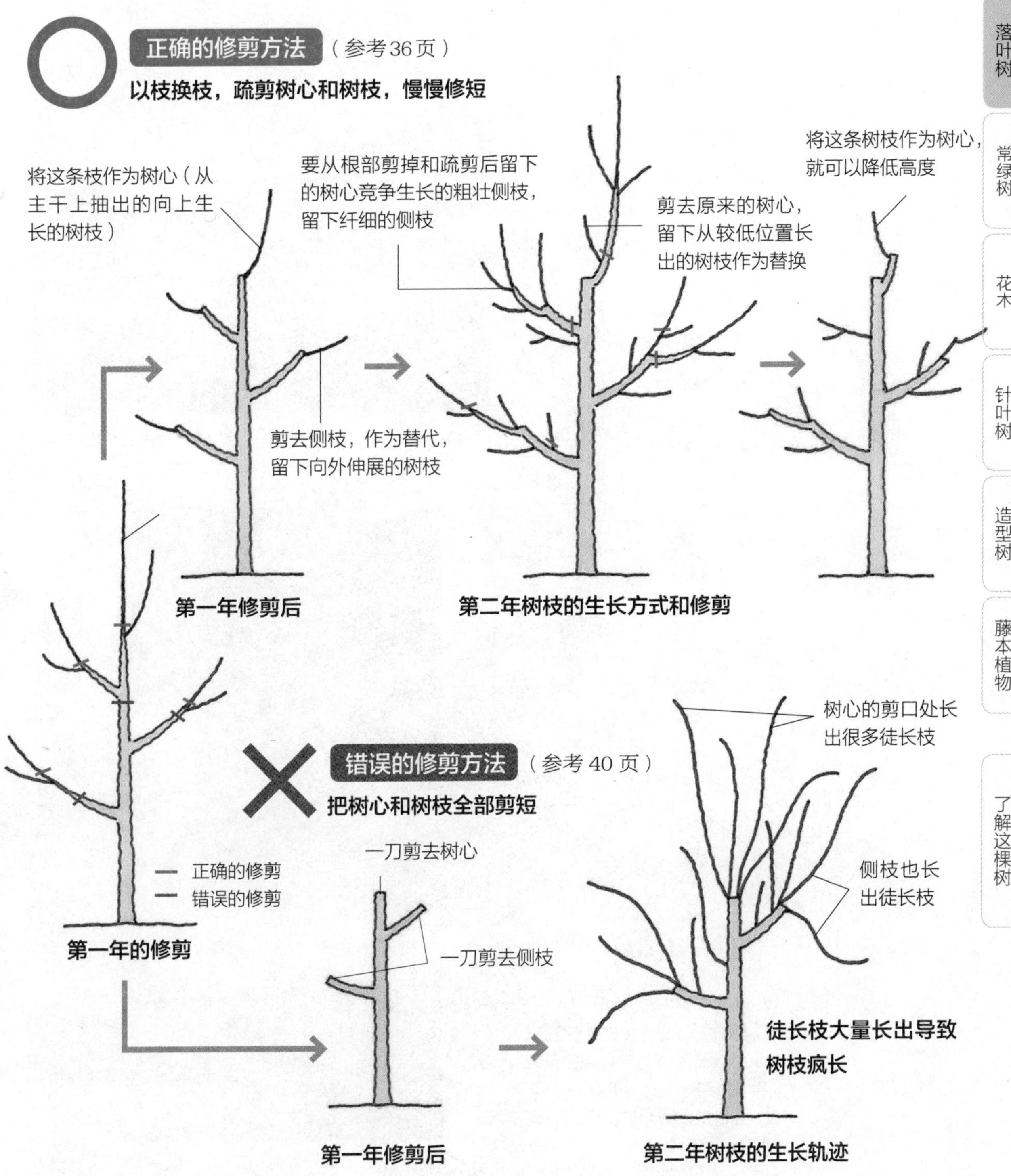

应用型修剪

疏剪 短截 整枝

# 正确的修剪方法

## ——以枝换枝，逐渐缩剪

（例：色木槭 修剪适期：12 月）

修剪时要想象出这棵树原本的自然树形，然后把它缩小。为了不对树造成强烈刺激，可以对树枝进行疏剪，花上几年的时间慢慢把它剪小。

先把明显的无用枝剪掉，然后剪掉树心（主干的前端），保留从主干长出的位置稍下的树枝，以降低树的高度。也要配合剪去侧枝，用以枝换枝的疏剪方法留下向外生长的树枝。这样重复操作几年，就可以在抑制徒长枝生长、防止走形的前提下把树缩小。

这里就以有树心的基本树形为例演示正确的修剪。

### 第一年的修剪

长至近 6 m 高的色木槭。

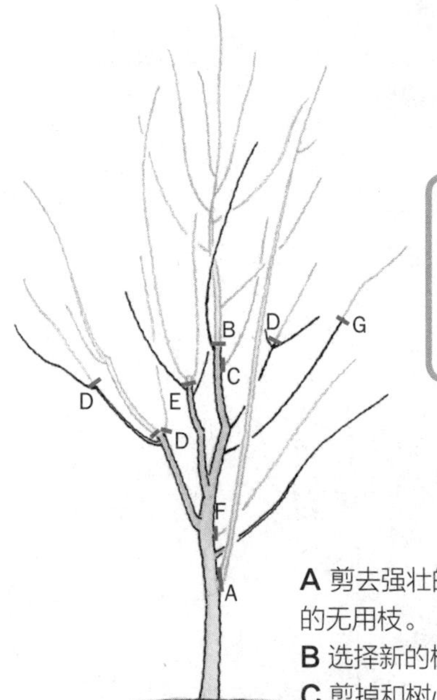


A 剪去强壮的直立枝、枯死枝等明显的无用枝。
B 选择新的树心，在分枝点剪去老枝。
C 剪掉和树心竞争生长的直立枝。
D 用以枝换枝的方式修剪侧枝，以便与新的树心保持平衡。
E 剪去粗壮的旺枝，留下纤细的侧枝。
F 清理平行枝、杂乱部分的侧枝等。
G 在疏剪掉过长侧枝却没有可以替代它的枝条的情况下，可以短截外芽。

**注意**

**12 月内进行槭树的修剪**
槭树类比其他落叶树的休眠时间要短，所以要在 12 月内结束修剪。

剪去位置较高的树枝，在使用梯凳进行作业时，需要佩戴安全帽。

1 首先剪掉正面长势过旺的直立枝、枯枝等明显的无用枝，然后想象缩小后的树形。

**2** 选择比原来的树心位置稍下且从主干长出的向上伸展的枝条作为树心。用高枝锯锯除比新树心高的树干、树枝部分。

**3** 剪去生出新心的分枝点以上的树干。先把树干上部和树枝剪去，然后一只手轻扶树干，站在梯凳上安全修剪。

**4** 靠近粗壮侧枝的树枝和树干向上延展的侧枝生命力旺盛，和树心竞争生长，是破坏树形的原因之一。最好果断地将其从根部剪掉。

**5** 留下朝向外侧生长的树枝以代替剪去的侧枝。

**6** 用以枝换枝的方式修剪完的侧枝。

首先从根部剪掉直立枝（上图）和长势旺盛的粗枝（中图）。用以枝换枝的方式修剪树枝前端，留下自然伸展的树枝。

**7** 几乎在同一位置分生出的4条树枝（上图）。此时可从根部剪去旺盛生长的②、③两根枝条，在剩下的两根枝条中，留下向外生长的细枝④，再对另外的枝条①进行以枝换枝的修剪，剪后的效果见下图。

继续整理侧枝

8

把密集杂乱处的侧枝从根部疏剪掉。

保持树心的长度，可以防止侧枝疯长。

第一年修剪后

9 选择一条平行枝，将其从根部剪去。这次，我们剪去了和其他树枝缠在一起的上方的平行枝。

11

第一年的修剪把树剪至4 m高左右即可。修剪后一定要给剪口涂抹愈合剂以保护伤口。

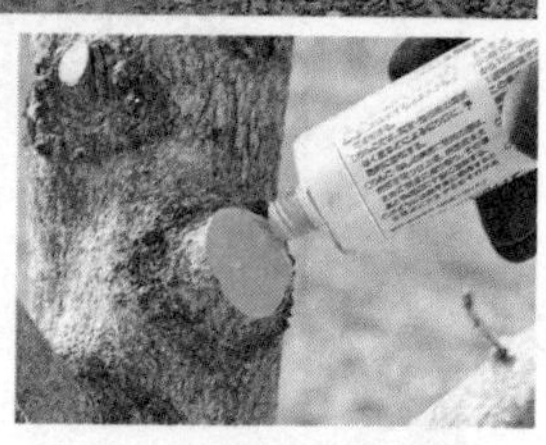

修剪后的树在6月下旬的模样。因为是用以枝换枝的方式对树心、侧枝等进行了疏剪，所以也不会长出扎眼的徒长枝。

6月下旬的生长状态

在疏剪长枝时，若没有可代替的枝条，可以在外芽的前端短截

10

在修剪可能会变成徒长枝的长枝时，如果没有长出可以替代它的枝条，可以在外芽的前端短截。外芽会长出向外生长的树枝（参考116页）。

1 距上次修剪已经过去 1 年了。虽然留下的较长的树心再次长到约 6 m 的高度，但侧枝没有疯长。

2 修剪步骤和第一年是一样的。首先剪去直立枝、内向枝等明显的无用枝，再把杂乱部分的树枝从根部进行疏剪。

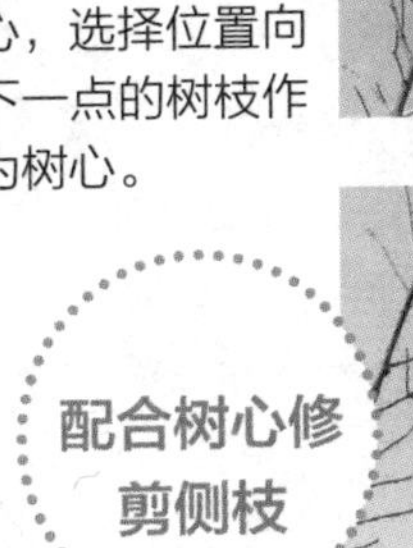


3 用以枝换枝的方式剪去旧的树心，选择位置向下一点的树枝作为树心。

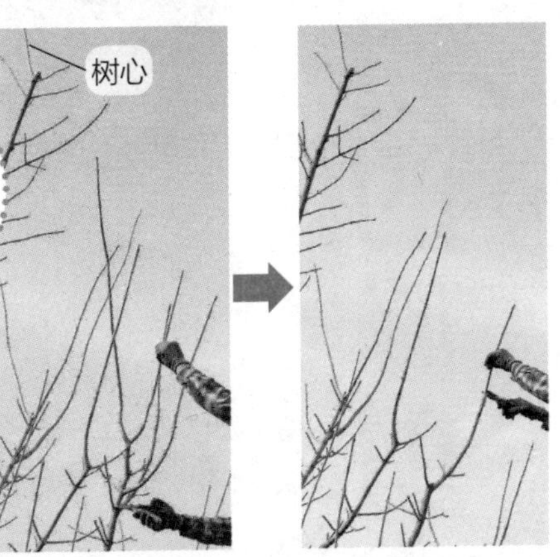


4 为了配合新的树心，对侧枝进行修剪，留下向外伸展的树枝代替侧枝。

这次也是选择了较高位置的树枝代替旧树心，新树心仍有一定高度。这样做可以防止侧枝向徒长方向发展。

5 树形和第一年相比已经十分规范了，只是树高稍微变低了。但是在下一年（第三年）修剪时，如果主干下部的树枝（箭头所示）长大了，就剪去旧树心将它作为树心，这样树就又可以下降一段高度了。按照这个过程操作，树就可以一直保持小巧了。

# 使用错误的修剪方式会怎样？

## ——所有树枝一次剪短（例：色木槭）

### 从剪口长出旺盛的徒长枝

因为想一下子就把树变低，于是把树干、枝条等一律剪短。而这种做法实际上是最失败的修剪方法。给树造成的强烈刺激会导致枝叶疯长，使树反弹回最初的大小。

这种修剪方法会形成向上的大剪口，而在它的附近会长出多根徒长枝。这些树枝会旺盛生长，看上去仿佛能使树恢复原来的大小。只需要1~2年，它们就会使树长得比以前更大。另外树干被截之后失去了树心，使得侧枝生长更活跃。一些向下或横向生长的树枝曾经不怎么发育，现在却也开始徒长起来，扰乱树形。

### 每次短截后徒长枝就增加

疯长的树太过棘手，就再次把所有的树枝剪短了，到了下一年剪口处又长出大量徒长枝。由于树枝太混杂，树形乱成一团，越来越偏离最初的树形。

就这样陷入了一次又一次把所有的树枝和树干剪短，徒长枝就一批又一批冒出来的恶性循环。

树高近6 m的色木槭（上图）。想让它低一些，就一口气剪短了所有主干和树枝，现在主干只有3 m左右高（下图）。

树干、树枝的剪口附近长出约 2 m 长的徒长枝。甚至连横向生长和向下生长的树枝都在徒长。也就是说，整棵树处于疯长状态。

第一年长出的徒长枝每根都长出 2 根树枝（弱些的枝长出 1 根）。虽然不如第一年长得长，但树枝混在一起，树形就整体膨胀起来。

※ 只展示预测的主要树枝生长状况

树枝虽然长势变弱了一些，但是徒长枝再次长出来，陷入恶性循环。因为每个剪口处都长出 1~2 根树枝，树枝再次混乱，变成丸子状的树形。

**2 年后的冬天　如果再次剪短徒长枝**

应用型修剪

疏剪　短截　整枝

# 矫正被错误修剪的树

## ——停止对树缩剪，塑造树形为先（例：色木槭　修剪适期：12月）

剪短所有枝条的错误修剪方法导致树疯狂生长，这时应该暂且放弃把树缩小，矫正树形才是重中之重。应重新选择树心，为了和树心保持平衡，应该对侧枝进行疏剪，留下向外侧伸展的枝条代替侧枝。这里有个防止树枝疯长的技巧，就是把树心留得长一些。

**要点**

因为每个剪口附近会长出多条徒长枝，所以可以用向外伸展的树枝来抑制枝条的长势。

修剪前

由于所有的树干、树枝被剪，生出了长长的徒长枝，树木疯长。

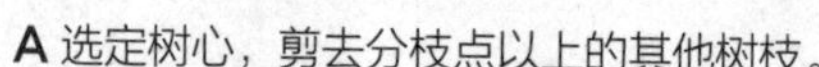


**注意**

**12 月内进行槭树的修剪**
槭树类比其他落叶树的休眠时间要短，所以要在 12 月内结束修剪。

A 选定树心，剪去分枝点以上的其他树枝。

B 用以枝换枝的方式修剪侧枝，留下向外伸展的树枝，与树心保持平衡。

C 剪去直立枝、下垂枝等无用枝。

D 稍微抑制树心前端的生长，与此相应，也稍微抑制侧枝前端的生长。

1　先选定树心，再把分枝点以上的树干都剪去（上图）。把和树心竞争生长的粗壮侧枝从根部剪除（下图）。

## 以枝换枝，修剪侧枝

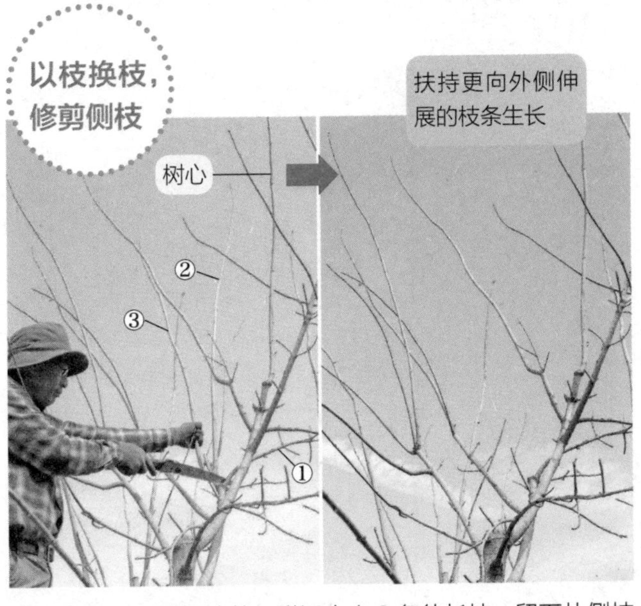


**2** 靠近树心的粗枝剪口附近生出3条徒长枝。留下从侧枝生出、更向外生长的树枝①，把它上面的枝条剪掉。

**3** 虽然不是旺枝，但剪口附近还是长出了3条徒长枝。和上面相同，把中途长出、更向外侧生长的枝条①留下，疏剪其他树枝。

**4** 下面远离树心的粗壮侧枝也在剪口附近生出很多旺盛的徒长枝。把中途长出、更向外侧生长的枝条留下，疏剪其他树枝。

## 剪去无用枝

**5** 对侧枝的疏剪结束后，剪去下垂枝、平行枝等无用枝。

## 抑制树心、侧枝前端的生长

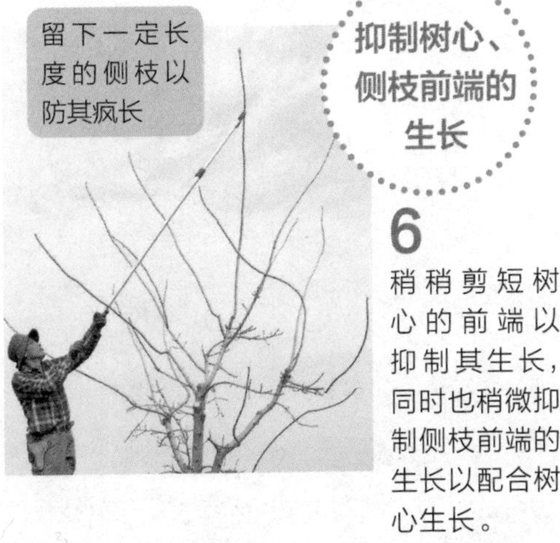


**6** 稍稍剪短树心的前端以抑制其生长，同时也稍微抑制侧枝前端的生长以配合树心生长。

终于矫正了树的骨架。如果树不再疯长，就可以用以枝换枝的正确修剪方法，继续对树进行缩剪。

专栏 1

## 关于行道树的修剪

成为我们生活中一抹绿意的行道树，为路上的匆匆行人提供树荫，营造出美好的街景，是非常重要的存在。但是近年，我们经常可以看到像下面图片中那样，被剪成短粗状的行道树。“这样修剪行道树合适吗？”可能会有人提出这样的疑问。答案当然是“不”。把树剪成水桶状的强度修剪，会使剪口处长出大量徒长枝，导致树木长势一发不可收拾（参考34页）。等树叶从杂乱的树枝上长出来，会加剧树木内侧通风的恶化，使树变成病虫害的温床。

另外，近些年在树叶苍郁的初秋就开始对树进行修剪的情况越来越多。虽然听说这背后有预算不够、落叶会招来抱怨之类的原因，但是这样在适期外修剪，会导致使树木腐烂的腐朽菌更加轻易地进入剪口，增大树木内部干枯的风险。这几年，关于因强风倒下的行道树、断掉树枝的新闻有很多。对断掉的树枝进行调查后发现，很多起事件中断落树枝所在的树干，其内部已经腐烂得非常严重。

在没有电线杆的欧洲，行道树自由舒畅地伸展着茂盛的枝条，成为一道道街景。而日本沿路都是电线杆，生长在这里的行道树与欧洲的行道树相比的确处于劣势。但是每当偶尔看到树枝被疏剪得干净漂亮的行道树，我的心情就会无比舒畅。当你熟悉树木修剪之后，也就可以分辨出修剪的好坏了。不然下次试试走路时也看一看身边的行道树吧。

**被剪成短粗状的行道树**

所有的树枝都被重度短截的七叶树。在此之后不仅会长出大量的徒长枝，而且有可能从剪口开始枯萎。

**被适当修剪的行道树**

行道树银杏。并不是一刀切似的短截所有树枝，而是用以枝换枝的方式留下了树枝先端。这样就不用太担心树木疯长了。

# 第 3 章

# 常绿树的修剪

# 天暖后修剪常绿树

## 常绿树畏寒

叶宽而有光泽、常年枝叶茂盛的常绿阔叶树，最初发源于温暖的地带，所以其中很多种类都不喜寒冷。如果在冬天进行强度修剪，剪除披裹在树上的叶子，可能导致树木“患上感冒”，因寒冷受伤。修剪常绿阔叶树的要点在于，不要在冬天修剪。

## 修剪适期为春季和初夏

常绿阔叶树的修剪适期在春天新梢长出前的3—4月上旬、新梢变硬而夏芽暂未长出的6—7月上旬，以及夏芽停止生长的9月。在这些时间修剪，即便是叶量减少，树木也会迅速地恢复体力。若是春季较迟的寒冷地区，修剪适期就变成了3月下旬至4月中旬，以及6—7月上旬。

但是对于赏花的常绿树而言，即便在上述修剪适期内修剪，也需要选择不会剪掉花芽的时期。

## 修剪方法因观赏目的而变化

因为常绿阔叶树全年都有树叶，所以把树的整体轮廓修剪出来即可完工。此外，观赏树姿的品种和观赏花的品种，其修剪方法是有差异的。对于观赏树姿的品种，会一边塑造树的轮廓，一边疏剪出清爽的枝势；对于观赏花的品种，一般会使用整枝的方式规范树的外形。

另外，像这种修剪，要在保持树木现有大小的情况下进行。如果想把树形修剪得大些，就不要进行强度修剪，仅剪掉一些徒长枝就可以了。

### 主要观赏树姿的树

树种有小叶青冈、槲树、铁冬青、具柄冬青、细叶冬青、厚皮香等。

小叶青冈。因萌芽力强，可以进行强度修剪。

厚皮香。因为枝叶形式复杂，只适合有经验的人修剪。修剪时要慎重。

铁冬青。和细叶冬青（参考48页）修剪方式相同。

在修剪观赏树形和枝叶的树种时，要让枝形和树形看起来更好看。因为不是用来赏花的树，所以在修剪适期内随时都可进行修剪，和花芽形成时期没有关系。

其中，6—7 月上旬修剪的话，可以让此后长出的夏季新梢比春天时更加规范。所以这个时期修剪更容易维持树形。

## 与落叶树相同，疏枝是基础

用来观赏树叶和树形的常绿树和落叶树的修剪方法几乎是一样的，都是以疏枝为基本修剪方法。首先进行剪去无用枝的强疏，然后把密集杂乱部分的枝条剪掉进行轻疏，最后请截去凸出部分的树枝，将树木的整体轮廓塑造出来。

和落叶树相比，常绿树没有叶子的部分一般会有难以萌芽的特性。但是小叶青冈、槲树等树势较强的树，即便是没有长树叶的部分也很容易萌芽，所以也可以大胆地对它们进行强度修剪以调整树形。

## 赏花的树

树种有山茶、茶梅、桂花类（丹桂等）等（参考 53 页“花木的修剪”）。

丹桂。在秋天盛开，花谢后便进入冬天，所以在次年3月修剪。

## 花谢后立刻修剪是基础

对用于赏花的常绿树而言，使它顺利开花是首要目的。为了防止因修剪而剪掉花的前身——花芽，我们应该了解花芽的分化时期（参考 57 页）。因为花芽在分化时期新梢不会变硬，所以应在花谢后立刻进行修剪，这是修剪的基础。

## 通过整枝规范树形

这些树种相对来说比较容易萌芽，所以可以整枝剪去凸出的枝条，以便规范整体树形。因为从剪去的树枝先端处分枝出的枝条会长出下一拨花芽，所以这种修剪有促进花数增加的优点。但是如果持续整枝会导致细枝过度增加，内侧枝条枯死，所以与此同时，每 2~3 年要进行疏剪。

虽然每年整枝会使树形逐渐变大，但在内侧树枝不会枯死的前提下，可以通过数年时间慢慢缩小树冠，调整树形。

被整形成好看的圆柱形的小叶山茶。在 12 月至次年 2 月盛开，所以修剪在花谢后的 3 月进行。

疏剪 短截 整枝

# 修剪可欣赏树姿的常绿树

## （例：细叶冬青　修剪适期：3—4 月上旬、6—7 月上旬、9 月）

为了让常绿树的树形和枝形看起来更美，要对它进行修剪并维持树形。修剪要从上部开始，边维持整体的均衡感，边向下部推进。首先在有很多树心的情况下，只保留 1 根；然后进行重疏，把徒长枝、直立枝、平行枝、闷心枝等无用枝剪掉，进而清理杂乱部分的枝条，进行轻疏；最后把凸出的树枝截去，将整体树形塑造成圆筒形。

树高约 3 m 的幼树。树形稍凌乱。

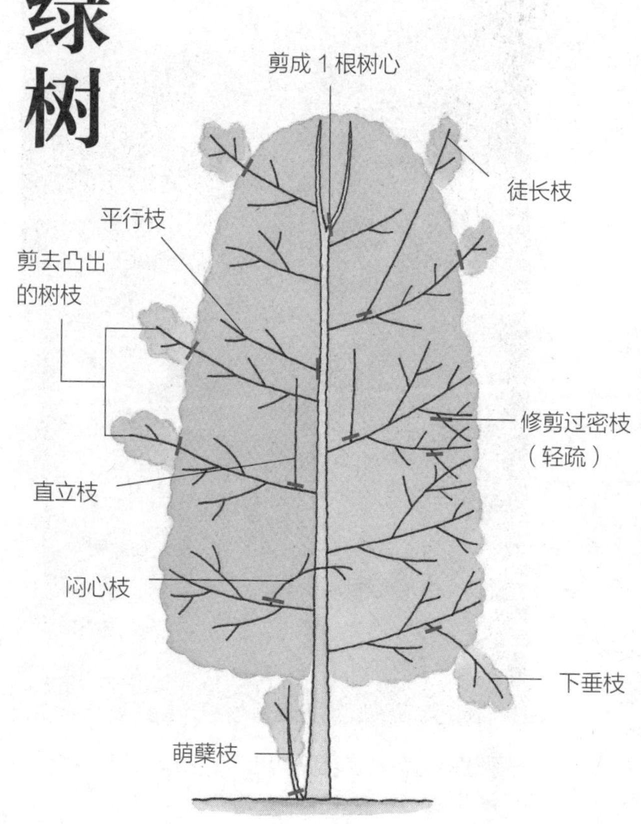


先从上面开始

**1** 把 2 根直立的树心修剪为 1 根。留下右边生长规范的树心，从根部剪去左边的那根。

**要点**

上半段树枝很容易萌芽，所以可以进行强度修剪，但是中间段和下半段的树枝不易萌芽，因此注意不要修剪过度。

然后进行强疏

**2**

从上面开始依次剪去无用枝。这是2根向同一方向伸展的平行枝。因为上方的平行枝生长过于旺盛所以将其剪去，留下下方的树枝。

**3**

这是向树木内侧生长的闷心枝。从根部将其剪掉。

**4**

这是直立枝。虽然真的很想把它从树干上连根剪掉，可剪掉它会在树上留下一个大坑，所以只剪掉一部分，留下中途倾斜长出的枝条。

再进行轻疏

**5** 结束重疏后，从远离树的位置不断确认树形，接着剪去密集处的树枝，再把凸出的树枝截掉，调整树的整体轮廓。修剪后，一定要给剪口涂上愈合剂。

虽然觉得上面有点稀疏，但是因为它萌芽较旺，所以很快就可以变得茂盛了。

疏剪 短截 整枝

# 对赏花常绿树整枝

## （例：丹桂　修剪适期：3—4月上旬）

对可赏花的桂花等树种，可以通过整枝来调整树姿。由于常绿树没有树叶和树枝会枯死，所以不要整枝过多，通过疏枝使阳光照入内部，这些都是很重要的。虽然基本都是花后进行修剪，但秋季开花的常绿树是在春天进行修剪的（参考53页“花木的修剪”）。

树枝杂乱密集，上部的树枝凸出。

1 对较高树木侧面整枝的基本操作是按照从下到上的顺序修剪。

2 用修枝剪把粗枝剪到修剪曲线以下的长度。

3 剪完侧面后，用剪刀的另一面修剪上部。

4 整体剪完后，可以把混杂部分的树枝疏剪一下。

阳光也可以照射进内部，预计会在秋天开很多花。

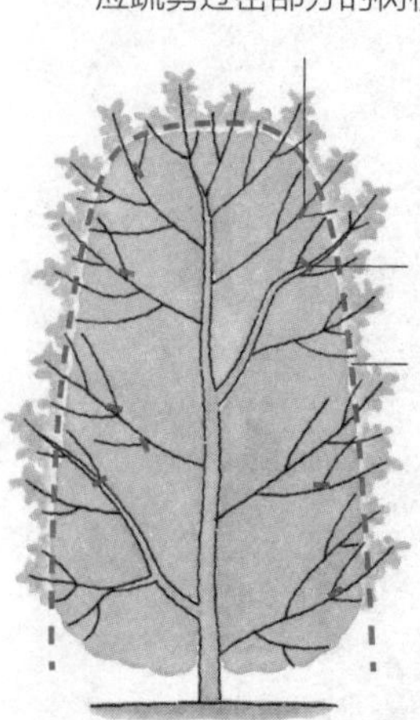


一般把桂花、茶梅等树修剪成圆筒形。

应用型修剪

疏剪 短截 整枝

# 调整散乱树姿的修剪

## （例：齿叶木樨 修剪适期：3—4月上旬、6—7月上旬）

如果几年都不修剪树，被遗忘的树形状会变得非常散乱。一旦变成这样，如果再不进行强度修剪，树形就无法回到原来的样子了。进行这种修剪的适期是树木生长活跃、修剪后很容易萌芽的3—4月上旬和6—7月上旬。但是和落叶树相比，常绿树需要注意的是，很多树种没有树叶的部分很难萌芽。

三四年没有打理，不断疯长的树。右侧的下部长出了旺盛的直立枝。本来应遵循从根部剪去直立枝的原则，但如果剪去就会缺失右侧的枝叶，所以为了拉大它和树干的差距，可以进行短截。

**要点**

一刀剪去粗枝会使树就像缺少了一块，恢复起来也需要花费很多年。不要一次性强度修剪，应该用几年时间慢慢修正树形。

修剪时不断确认整体树形，防止修剪过度

1 剪去闷心枝、平行枝等无用枝。这是平行枝。

2 然后边看整体的轮廓，边短截凸出的树枝，把树剪成圆筒形。

如果剪去无用枝后不会在树上留下坑，就可以将其剪去

非常破坏树形的大树枝

边想象树的轮廓，边修整树形

今年修剪的位置

没有树叶的干上很难萌芽，花上几年时间慢慢地截掉想要剪去的较大树枝

花上几年时间逐渐修剪

已经把右侧的直立枝缩剪很多了，不必再担心。虽然中间有部分没有枝叶，但因为是上部，很快就能长出茂盛的枝叶，变得不那么显眼。

专栏 2

## 常绿树真的不落叶吗?

我们是不是听过“不会落叶的常绿树”这种说法，可是它真的不会落叶吗？据说人类的细胞在一定时间内会全部更新一次，而树叶也拥有类似的细胞组织，所以树叶也是有寿命的。

因冬季休眠而所有树叶一齐落下的落叶树，其树叶寿命是 1 年以内。相对而言，我们可以认为，由于常绿树的树叶有 1 年乃至数年的寿命，所以没办法一齐飘落。虽然常绿树的树叶寿命因树种不同有差异，但多数被认为是在 2~5 年。如果是在寒冷地区生长的常绿针叶树，其树叶寿命会更长，紫杉、冷杉等被认为有 5~10 年的寿命。

但是我们在常绿树上几乎看不到树叶落光的场景。这是因为常绿树不像落叶树一样树叶一齐落下，它的树叶是慢慢凋零的，所以并不显眼。常绿树主要在春天冒出新芽的时期和秋天降温的时期会掉落一定比例的树叶。身为常绿树的交让木，会待新的树叶长出后再落去旧叶，并因此而得名，可实际上它和绝大部分常绿树的特质是一样的。因此在满目新绿的季节里常绿树的一部分树叶变黄脱落，也是正常的生理现象（但是如果半数以上的树叶都落下的话，可能是由于根部病变等原因）。常绿树就是这样通过数年时间来进行所有树叶的交替更新的。

**常绿树的树叶也有寿命**

在春天旧叶变黄的具柄冬青。在抽出新芽的时期旧叶脱落，是一种正常的生理现象。

# 第4章

# 花木的修剪

# 花木修剪也会在原来的适期外进行

## 是树形优先还是育花优先？

庭院树木的观赏重点因树种而异。一般对于观赏树形和枝叶的庭院树木来说，为了塑造美丽的树形，会选择在不给树造成伤害的适期内进行修剪（参考21页“落叶树的修剪”、45页“常绿树的修剪”）。另外，对育花优先的花木的修剪，要优先考虑如何防止修剪作业中剪落花芽，所以通常在原来的适期之外的时间进行修剪。

观赏新叶、红叶和纤细枝条的槭树，修剪时树形优先，而观赏花朵的木兰进行修剪时则育花优先。

根据是树形优先还是育花优先，来改变修剪的适期和方法。

## 花的前身是在很久之前就形成的

芽有两类：叶芽和花芽。从花芽中开出花，从叶芽中长出枝叶，而成为哪种芽是在结出芽的时候就定下的。

花芽是在满足了树龄、温度、日照、树枝充实度等所有要素后才结成的。当这些条件齐备后花芽开始结成，这个时期就是花芽分化期。花木的花芽分化期甚至会需要1年。刚刚分化出的花芽小得几乎用肉眼都看不到，但慢慢就长到肉眼可见的大小了。

丁香花的花芽和叶芽成长为可以用肉眼确认的大小。

### 形成花芽的位置

多数的落叶花木会在原是修剪适期的冬天形成花芽。如果提前知道花芽的形成位置，在冬天修剪的时候，就可以尽可能确保花芽不被剪掉，进行修剪作业了。落叶花木中的乔木大部分属于类型1和类型2。

**开在老枝上**

**类型1 长在短枝上**

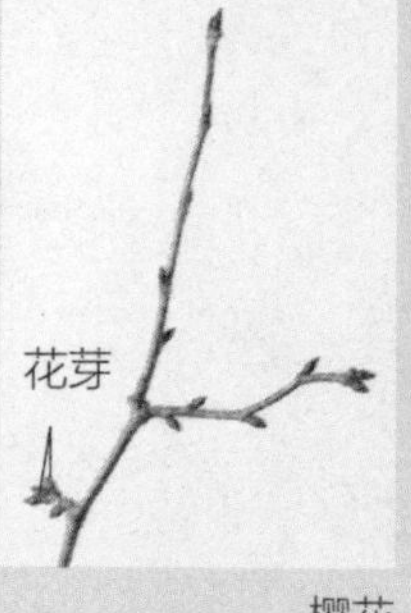


樱花

几乎所有的花芽都不会在长枝上形成，而是长在短枝上。如果把枝条从中截断，就很容易剪落花芽（如樱花、梅花、大花四照花等）。

**类型2 在枝条先端形成**

木兰

在枝条先端附近会形成1~2个花芽。如果中途截断枝条会容易剪掉花芽（如丁香、木兰、绣球花等）。

# 修剪时机在花芽形成前

## 是老枝开花还是新枝开花?

花芽的形成方式大致分为两种：老枝开花和新枝开花。

在去年长出的树枝上形成花芽是老枝开花，大多是从 7—8 月花芽分化，然后带着形成的花芽过冬，在春天到初夏时盛开（春季开花）。在当年长出的树枝上形成花芽是新枝开花，会在这一年的夏天到秋天开放(夏季到秋季开花)，因此冬天没有花芽。

## 以防剪掉花芽的花后修剪，尽早修剪是关键!

因为花木的花芽分化期循环一次需要 1 年时间，一旦剪去了已经形成的花芽，一年内就不会再开花了。

为了防止剪落花芽，应该在花谢后到进入下次花芽分化期之前也就是花芽还没有形成的时期进行修剪。这叫作花后修剪。

进入花芽分化期前要保持树枝的充实度，其关键是在花谢后尽快修剪。尤其是老枝开花的树种，从花谢到下次的花芽分化期来临之际间隔很短，应当迅速进行修剪。

**老枝开花**
（例：大花四照花）

**新枝开花**
（例：茶梅）

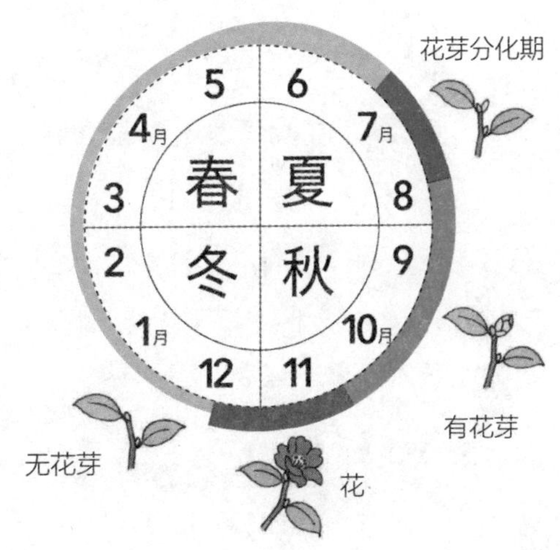


**类型 3**
**从先端到基部**

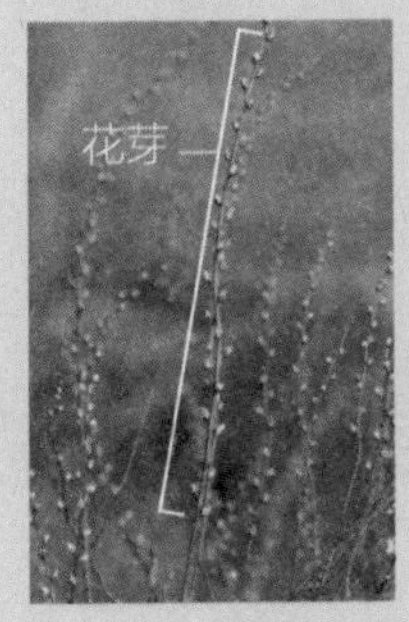

珍珠花

从枝条先端到基部形成大量花芽。即便是把枝条从中截断，也容易留下花芽（如珍珠花、棣棠等）。

**开在新枝上**

**类型 4**
**冬季无花芽**

木槿

花芽长在春天伸展出的新枝上。冬天修剪时无需担心剪掉花芽（如紫薇、木槿等）。

但是由于在原本的修剪适期之外剪掉粗枝会对树木造成很大伤害，所以在原本的修剪适期和花后修剪的适期不同的情况下（以落叶树居多），就不要剪掉粗枝了。粗枝等到了修剪适期再剪掉。请参考下一页。

# 何时剪？如何剪？

## ——按照花木类别区分修剪方法

——花后修剪
——冬季修剪（到春季萌芽前）

### A型 落叶乔木（老枝开花）

（大花四照花、木兰等多数落叶树）

**花后修剪＋冬季修剪（疏枝）**

进行花后修剪和在原本修剪适期开展的冬季修剪。冬天虽然也有花芽，但在花谢后树木正在旺盛生长，无法在此时期剪去粗枝，如果一直在树叶茂盛、难以看到树枝的时期进行修剪，几年过后树形就会凌乱。

花后修剪要剪去无用的细枝，疏剪杂乱的部分。如果内侧的树枝可以照到阳光，也会结出很多花芽。

冬季修剪要根据需要疏枝，整合树形。这样剪去粗枝也是安全的。

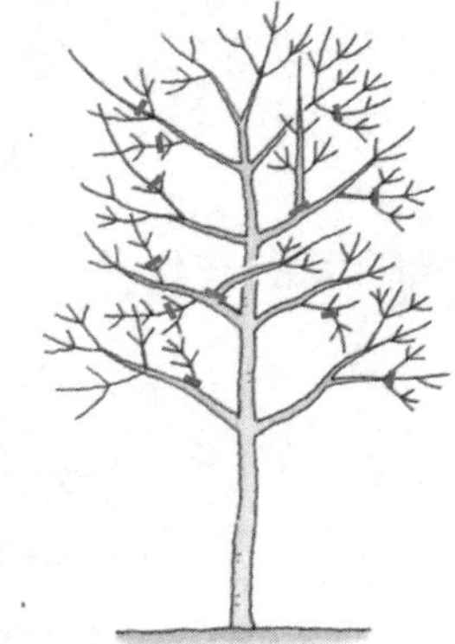

### B型 落叶乔木（新枝开花）

（紫薇、木槿等）

**冬季修剪（短截）**

因为在本就是修剪适期的冬天没有花芽，所以即便修剪也不会剪掉花芽。由于长势不错的新梢有容易形成花芽的性质，因此要对树枝进行强有力的短截。对于耐寒性稍弱的树种，要在3—4月抽芽之前修剪。

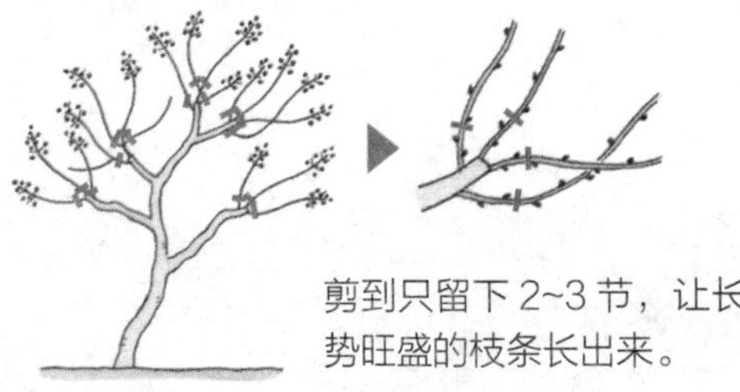

剪到只留下2~3节，让长势旺盛的枝条长出来。

### C型 常绿乔木

（丹桂、山茶、茶梅等）

**花后修剪（整枝＋疏剪、冬季不修剪）**

一般在花谢后进行整枝。修剪粗枝时要剪得比修剪曲线更深，这样光可以照入内侧的树枝，进而促进花的形成。不适合整枝的树种，可以在花谢后进行修剪。多数常绿树相对不太耐寒，所以对于秋季开花而花谢后立刻入冬的常绿树，可以在春天抽芽前进行修剪。

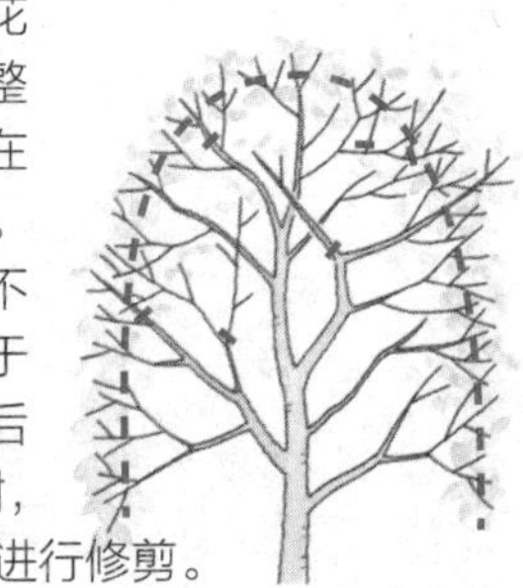

### D型 矮小灌木（落叶树、常绿树）

（绣球花、胡枝子等）

**花后修剪（短截＋剪除老枝）**

低矮灌木的树枝不能太老，所以不管是常绿树还是落叶树都可以只进行花后修剪。通过短截枝条可以长出充实的枝条，使花芽形成。如果树枝杂乱，就把老枝从根部剪掉。

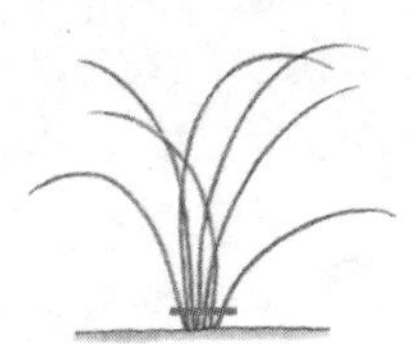

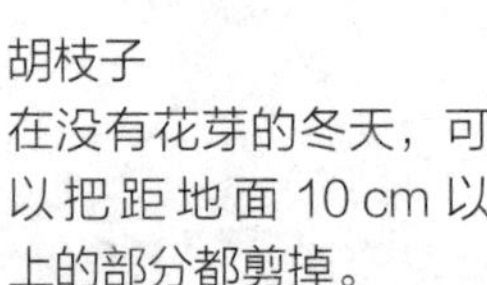

胡枝子
在没有花芽的冬天，可以把距地面10 cm以上的部分都剪掉。

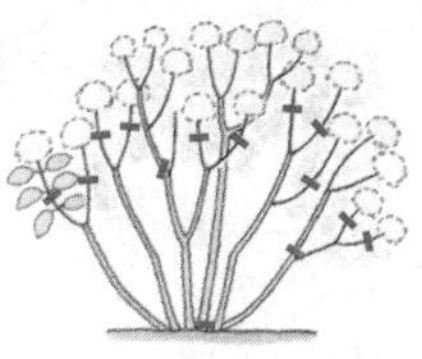

绣球花
在花下2~3节处剪掉。把老枝从根部剪去，留下中途长出的新枝作为替代。

### E型 球形绿篱（落叶树、常绿树）

（杜鹃花、大花六道木、日本吊钟花等）

**花后修剪（整枝）**

因为整枝是把所有的新枝短截，如果在形成花芽之后再修剪会导致无法开花，所以修剪一定要在花谢后迅速进行。

修剪越早，新梢就长得越大，在秋天成为凸出的树枝非常显眼。此时由于花芽已经形成了，因此只把凸出的树枝剪掉就可以了。

因为顶部树枝生长旺盛，所以可以进行强度修剪。

## 花木修剪类别一览

| 修剪类别 | | 树种 |
|---|---|---|
| 落叶乔木 | A型（老枝开花） | 梅花（花 2 月、花芽分化 7 月）、野茉莉（花 5—6 月、花芽分化 8 月）、雪球荚蒾（花 4—5 月、花芽分化 7 月）、樱花（花 3—4 月、花芽分化 7—8 月）、山茱萸（花 3 月、花芽分化 6—7 月）、黄栌（花 5 月、花芽分化 7 月）、蜡瓣花（花 3 月、花芽分化 7 月）、假山茶（花 6 月、花芽分化 8 月）、紫荆（花 4 月、花芽分化 7 月）、大花四照花（花 4 月、花芽分化 7 月）、碧桃（花 3—4 月、花芽分化 7 月）、日本紫茎（花 6—7 月、花芽分化 8 月）、紫藤（花 4—5 月、花芽分化 7 月）、木瓜（花 3—4 月、花芽分化 8 月）、木兰类（花 3—4 月、花芽分化 6 月）、狭叶四照花（花 5—6 月、花芽分化 7—8 月）、丁香（花 4—5 月、花芽分化 7—8 月） |
| 落叶乔木 | B型（新枝开花） | 紫薇（花芽分化 6—8 月、花 7—9 月）、凌霄花（花芽分化 6 月、花 7—8 月）、木槿（花芽分化 6—9 月、花 7—9 月） |
|  C型 常绿乔木 | | 老枝开花<br>金合欢（花 3 月、花芽分化 8 月）、石楠花（花 5 月、花芽分化 6—7 月）、山茶（花 3 月、花芽分化 7 月）、檵木（花 6—9 月、花芽分化 8 月）<br>新枝开花<br>夹竹桃（花芽分化 5—6 月、花 7—9 月）、丹桂（花芽分化 8 月、花 9—10 月）、茶梅（花芽分化 7 月、花 10—12 月） |
|  D型 矮小灌木（落木树、常绿树） | | 老枝开花<br>绣球花（花 6—7 月、花芽分化 9—10 月）、马醉木（花 3—4 月、花芽分化 7 月）、紫叶风箱果（花 5—6 月、花芽分化 7—8 月）、溲疏（花 5 月、花芽分化 8 月）、金雀花（花 4 月、花芽分化 8 月）、栀子（花 6—7 月上旬、花芽分化 8—9 月）、麻叶绣线菊（花 4—5 月、花芽分化 9 月）、南天竹（花 5—6 月、花芽分化 7—8 月、果实 11—12 月）、南方越橘（花 5—6 月、果实 7—9 月、花芽分化 8—9 月上旬）、牡丹（花 4—5 月、花芽分化 8 月）、黄瑞香（花 3—4 月、花芽分化 7 月）、棠棣（花 4 月、花芽分化 7—8 月）、珍珠花（花 4 月、花芽分化 9 月）、连翘（花 3—4 月、花芽分化 7 月）、蜡梅（花 1—2 月、花芽分化 6 月）<br>新枝开花<br>乔木绣球“贝拉安娜”（花芽分化 5—6 月、花 6—7 月）、白棠子树（花芽分化 6 月、花 8 月、果实 9—10 月）、胡枝子（花芽分化 5—7 月、花 7—9 月）、大叶醉鱼草（花芽分化 7—9 月、花 7—9 月） |
|  E型 球形绿篱（落叶树、常绿树） | | 老枝开花<br>杜鹃花（花 5 月、花芽分化 7 月）、瑞香（花 3 月、花芽分化 7 月）、日本吊钟花（花 4 月、花芽分化 7 月）<br>新枝开花<br>大花六道木（花芽分化 5—9 月、花 6—10 月） |

※ 即便是灌木，在修剪方面也和乔木属于同一种形式的，所以把它也列入了分类。

疏剪　短截　整枝

A型

# 落叶乔木的修剪（老枝开花）

**（例：大花四照花　修剪适期：5月、12月至次年2月）**

大花四照花是老枝开花的落叶树，所以在进行使花芽充实的花后修剪之后，还要进行调整树形的冬季修剪。花后修剪要在花谢后尽早进行。把拥挤的树枝疏剪掉，使阳光照到内层的树枝，这样就可以使整棵树毫无遗漏地长出花芽。粗枝的修剪要等到冬天进行。

树枝拥挤混乱，明显看出有生长过长的树枝。

**花后修剪（一）**

A 剪去枯枝。

B 疏剪或短截细的无用枝及树冠线以外的枝条。

C 为了使阳光照进内层，剪去拥挤的树枝。

**落叶期修剪（一）**

D 需要用锯子锯断的粗枝在冬天进行修剪。

**1** 不抽芽、无弹力、一弯曲就折断的树枝就是枯枝。用手边触摸确认边修剪。

然后剪去无用枝

2 在无用枝中，剪去可以用剪刀剪掉的粗枝（冬天修剪粗枝）。

剪去拥挤的树枝

3 疏剪拥挤的树枝，使阳光可以照到内层的树枝。剪去上下重叠的树枝、距离太近的树枝中的任意一条。最好留下向外伸展的树枝。

4 树心部分也是一样，把拥挤部分的树枝从分枝处疏剪掉。

5 在剪口处涂抹愈合剂。

**要点**

因为花谢后的时期本就不是修剪适期，所以为了防止使树木腐烂的腐朽菌侵入，即便是小的剪口也要涂上愈合剂。

**修剪后**

花谢后不能修剪粗枝，所以看起来和修剪前没有很大变化，但是树木内层的树枝也可以照到阳光了。

疏剪 短截 整枝

B型

# 落叶乔木的修剪（新枝开花）

## （例：紫薇　修剪适期：3月）

冬天没有花芽的紫薇，会在春天长出的新梢前端分化出花芽，不久就能开花。因为长势较好的新梢有易开花的特质，所以可剪短去年枝（去年长出的树枝），使强健的新枝长出。明确使新枝长出的位置后，每年都在几乎相同的位置短截，以便保持树形。因为紫薇的耐寒性稍弱，所以要在春天（抽芽前）修剪。

在旺盛生长的去年枝上还留着很多开败后的花。

A 把从树干和主枝长出的多余的去年枝剪掉。
B 剪掉像胡须一样的纤细的去年枝。
C 剩下充实的去年枝，将其截短至只剩 2~3 节。

1 若有蘖生枝则剪去。

2 树干和主枝构成了树的骨架，如果有无用枝从这些枝干上中途长出，就将其从根部剪去。如果想把某条无用枝培养成主枝，则将其留下。

3 在主枝前端伸出的多根枝条中，从根部剪去像胡须一样的细枝。

4 即便是去年开过花的、结实的粗枝，如果多余，也要从根部剪掉。

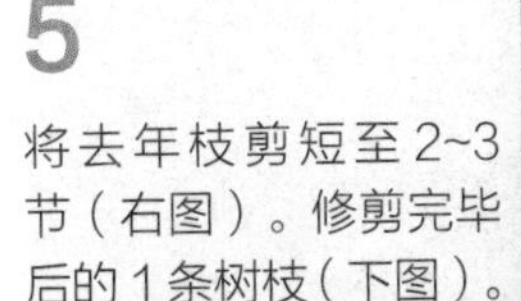


5

将去年枝剪短至 2~3 节（右图）。修剪完毕后的 1 条树枝（下图）。

从留下的去年枝的枝节上，最终也长出了长势旺盛的新梢。

### 对长瘤树枝的处理

几年都在同一个位置修剪，使得此处变为瘤状（上图），应在靠近树瘤下方的位置修剪矫正（下图）。

疏剪 短截 整枝

# C型 常绿乔木的修剪

## （例：山茶幼树 修剪适期：3月）

花谢后将山茶整枝，把凸出的树枝剪掉，整合树形。如果是成年树，一般思路是把它塑造成圆柱形，但是对于幼树，就要优先考虑修剪无用枝，把树养大。为了防止内层树枝枯死，一定要每2~3年进行疏枝，使阳光照射进去。

因为有段时间没修剪了，树形非常凌乱，所以要先调整这棵树的树形。

2 剪去过度横向伸展的树枝。首先试着稍微剪短（上图），根据情况，如果需要的话就再剪短一些（下图），这样比较安全。把粗枝从分枝点剪去。

1 把和树心竞争生长的旺盛直立枝从根部剪掉。剪去其他无用枝。

3 继续疏剪拥挤杂乱的部分，剪掉凸出的枝条，调整树的轮廓。如果是小树枝，不从分枝点剪掉也可以，剪短至只剩2~3片树叶即可。

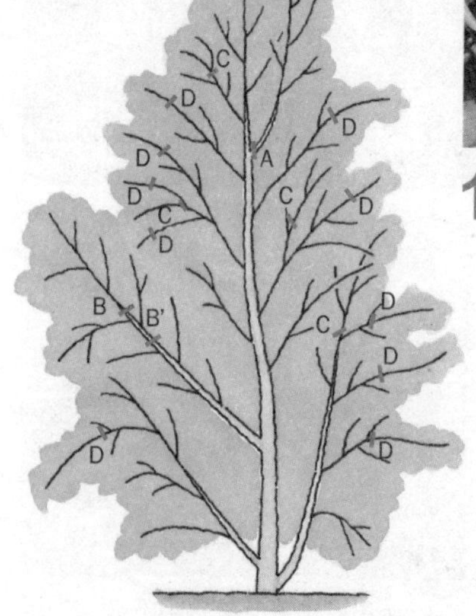


整洁的树形就像变了棵树一样。下一年修剪的程度，就到短截凸出的树枝即可。因为想让树长得更大些，所以不用阻止上面部分的生长。

**A** 从根部剪去和树心竞争生长的直立枝。

**B** 剪短横向伸展过长，使树木凌乱的树枝（B）。考虑整体平衡，再剪短一节也可以（B'）。

**C** 把拥挤处的枝条从根部剪断。

**D** 为了调整树形，把凸出的树枝剪到只留下2~3片树叶。

疏剪 短截 整枝

D型

# 矮小灌木的修剪（老枝开花）

**（例：绣球花
修剪适期：6月
下旬至7月）**

花谢后，将树枝截短至花下方2~3节的位置。最迟也要在7月内结束。修剪后长出的新梢前端会在9—10月前后形成花芽。

花开败后的灌木。

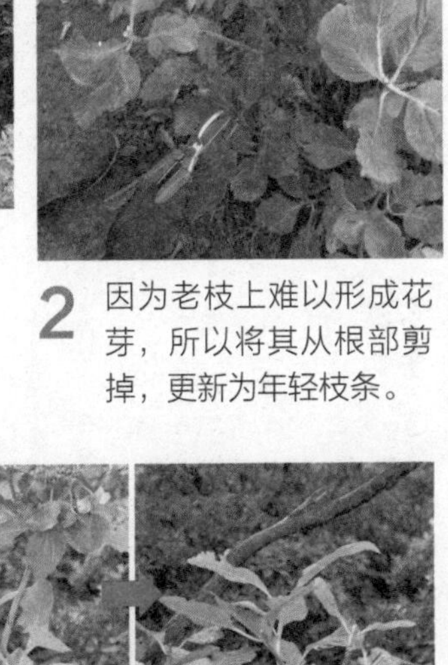


2 因为老枝上难以形成花芽，所以将其从根部剪掉，更新为年轻枝条。

1 把开花的树枝在花下2~3节处且位于芽上方的位置剪下。

周围的无性花反翘起来时花就开败了，应立刻进行修剪。

3 虽然是老枝，但如果直接剪去会破坏树形（左图），这种情况下可以把中途长出的新枝留下，在分枝部分的上方剪下（右图）。

变小了一圈，树姿也规范了。此后长出的新梢上会长出新芽。

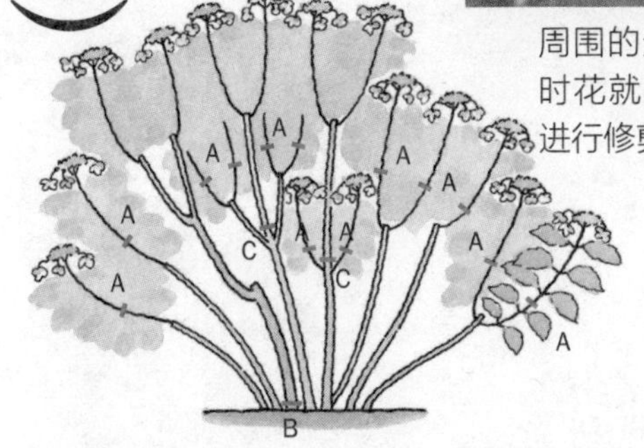


A 修剪的基本操作是，将开花的树枝剪到位于花下2~3节距离的芽的上方。
B 把老枝从根部剪掉。
C 对于剪掉后会对树形影响很大的老枝，可以不从根部剪掉，而是进行短截，留下中途长出的树枝作为替代。

# D型 矮小灌木的修剪（新枝开花）

## （例：乔木绣球“贝拉安娜” 修剪适期：12月至次年2月）

与老枝开花的一般绣球花相反，“贝拉安娜”是在春天长出的新梢上形成花芽继而开花的新枝开花类型。应在没有花芽的冬天对其进行修剪，促进充实的新梢长出。即便从地表剪去所有的树枝，“贝拉安娜”也能开花，但是如果按照一定的长度修剪树枝，可以让花的覆盖范围更大。

新老树枝混合拥挤且杂乱的灌木。

1 首先从根部剪掉枯枝、老枝。在没有新枝、空隙过大的情况下，可以留下老枝。

2 将各条树枝在距地面高约20 cm的芽的上方剪去。如果是去年枝或老枝，要截短至下部分枝的位置，侧枝也剪短到只留下1~2个芽的程度。

到明年，留下的枝条就可以长出长势良好的新梢，整齐规范的树上花也会盛开了。

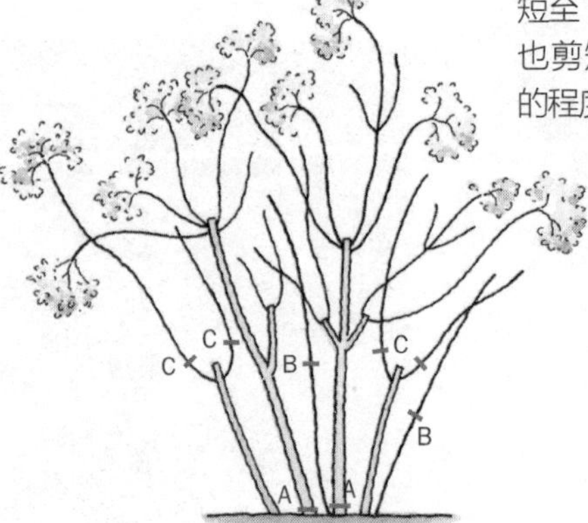

A 把枯枝、老枝从近地处剪掉。
B 在芽的上方截掉新枝。
C 把从去年枝之类的枝条上长出的树枝短截到只剩1~2个芽的程度。

### 胡枝子的修剪

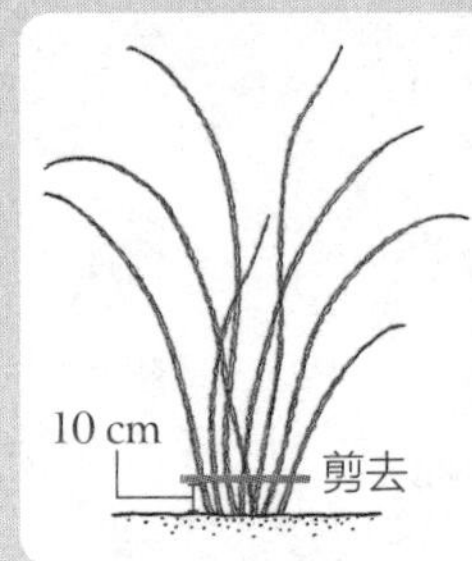


美丽的胡枝子会在春天长出的新枝上形成花芽，在秋天盛开，是新枝开花，枝条长势很好。如果在落叶期时把所有的树枝短截到离地面10 cm的高度，就可以欣赏到袖珍型胡枝子开花了。

疏剪 短截 整枝

# D型 观果灌木的修剪（老枝开花）

**（例：南天竹 修剪适期：3—4月上旬）**

像南天竹这种可以观赏果实的花木，不可以在花谢后立刻修剪。虽然花在5—6月开，但冬天可观赏果实，到下一年春天才能修剪。从根部剪掉上一年结果的树枝，或者在树枝中途长出的芽或新枝的上方将树枝短截。

新老树枝拥挤混乱，也有伸展出来的长树枝，导致树形杂乱。

2 把结果实的树枝在分枝点从根部剪掉，留下没有结果实的枝条。

南天竹的花芽在7—8月形成。

1 首先把枯枝、老枝从根部剪去。在修剪拥挤的树枝时，最好从外侧的树枝开始修剪。

3 即使是长果实的树枝，如果从根部或者中途剪去会影响整体树形的话，也可以留下它，只剪去果实聚成的穗。

4 把拥挤的大型树叶从叶轴的分枝点剪去。

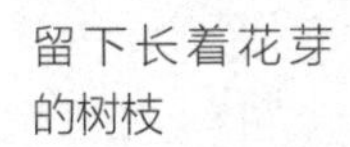

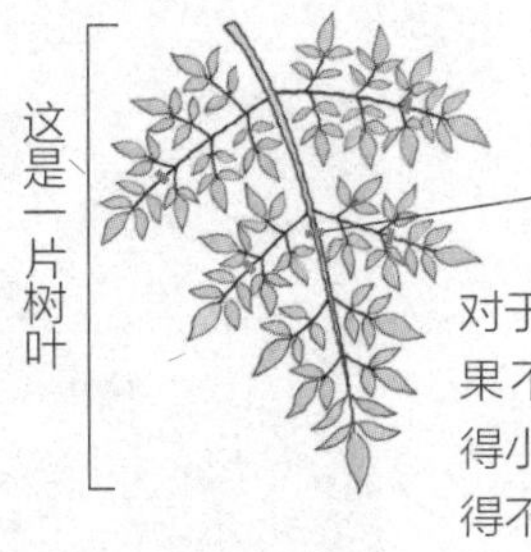


对于过大的树叶，如果不改变叶型只剪得小一些，是不会显得不自然的。

长出果实的粗枝在3年左右的时间内都不会结果。可以将其从根部疏剪，或者在中间长出的芽的上方短截。

灌木的姿态变得清爽。留下的树枝会在初夏开花，之后结果。

疏剪　短截　整枝

E型

# 球形绿篱的整枝

## （例：杜鹃花　修剪适期：5月下旬至6月中旬）

要把杜鹃花等一般球形绿篱的所有新梢进行整枝，如果花谢后不立刻进行，修剪就会成为树无法开花的原因。尤其是杜鹃花，要注意它的开花期和花芽分化期非常接近。最好强度修剪生长旺盛的顶部。

花刚开败后的绿篱。

1 在整枝前要剪落开败的花。

2 操作绿篱剪，以从下向上为顺序，不断调整方向修剪（左图）。边变换位置，边均匀修剪全体绿篱（右图）。

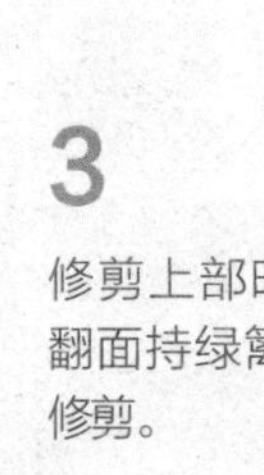

3 修剪上部时，翻面持绿篱剪修剪。

4 用园艺剪剪去细碎的凹凸处就完工了。

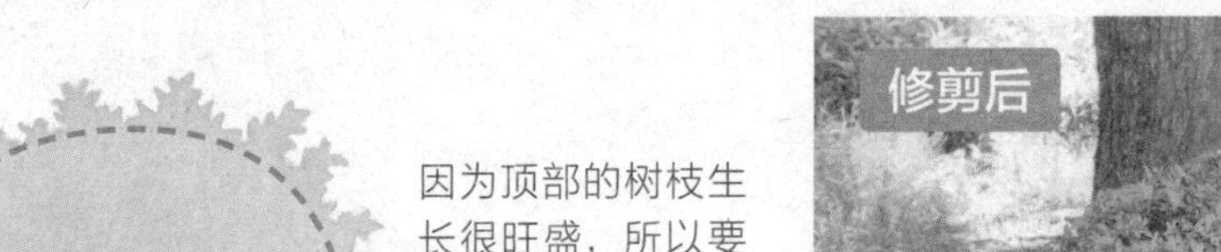

剪得很干净。

因为顶部的树枝生长很旺盛，所以要进行强度修剪。注意没有树叶的部分不要过多修剪。

第5章

# 针叶树的修剪

# 放手不管就错了

## 要维持树形，就必须打理

针叶树在日本广泛种植至今大约有 20 年了。针叶树除绿色树叶外，还有黄色、青色等多种颜色的常绿树叶，以及各式各样的树形。这些使针叶树的人气很高，如今很多庭院里都种着针叶树。

因为在某种程度上针叶树天生就有规范的树形，这一性质导致它自从推广以来，就被人误解为不需要打理等。但是即便针叶树在某种程度上树形规范，如果放着不管树形也会慢慢散乱的。种下时还是漂亮的树形，却不知何时变得凌乱起来……为了防止这种事情发生，必须好好打理。

## 每年进行修剪，防止内层树叶枯死

一旦针叶树内侧的树叶枯萎，就不能进行强度修剪，因此树形就很难回到原来的样子了。为了防止内侧的树叶枯萎，不仅要剪去使树形凌乱的树枝，还要保证树木内层的日照和通风条件，因此每年进行修剪是很重要的。

## 在 3—4 月修剪吧!

整枝之类的常用修剪方法，一般可以在 3—4 月、6—7 月上旬和 9 月使用。其中 3—4 月最合适，因为在修剪后新梢长出，可以快速遮盖剪口。这时，即使对很久没修剪的针叶树进行强度修剪促进再生，也是最安全的时期。6 月之后一旦徒长枝长出来，就只进行调整树形这一强度修剪。

刚种下的侧柏树形美丽（左图）。但是如果放任不管就会变得散乱，内层的树叶也会枯死（右图）。

因为耐寒性不太强的针叶树可能会被冬季严寒所伤，所以寒冷地区在修剪时最好避开 9 月。另外要注意的是，即便同样是针叶树，松树造型树等特殊树木的修剪适期也是有差异的（参考 88 页）。

## 不要剪到没有树叶的部分!

大部分的针叶树不适合深入修剪，如果修剪到没有树叶的部分，伤到已木质化的老枝，就会导致这条树枝无法萌芽进而枯死。修剪针叶树的树枝时一定要留下有树叶的部分。

## 关于树形和修剪的重点

**让我们一起通过针叶树不同的树种来了解一下它们天生就有的基本树形吧。按照树木原本的形状进行修剪不仅能轻松地调整树形，而且使后面树形的维持工作变得简单。**

由于直立生长的特点，本来可以变成纤细的树形，但是由于上部的体积过分增大，树形变得混乱的北美香柏“绿圆锥”（左图）。透视内部可以看到树心分成了3根（右图）。尽早把树心剪成1根是很有必要的。

### 直立型（圆锥形、锥形）

圆锥形的有北美香柏“斯玛雷杰”、“欧金”崖柏、北美香柏“绿圆锥”、“蓝色天堂”落基山圆柏、杂交金柏、蓝冰柏、优雅伊诗美等。

圆锥形

锥形的有“冲天”落基山圆柏、“蓝剑”落基山圆柏等。

锥形

**性质和修剪方法：**由于天然就有一根直立的树心（树干的先端），所以长成了圆锥形甚至更纤细的锥形（狭圆锥形）。如果树心分出好几枝，树上部的体积增大，则会使树形散乱，所以应尽早剪为一根树心。如果懒于打理，树枝就会变成粗壮强健的徒长枝，进而扰乱树形，所以每年修剪是很重要的。

美国蓝杉“胡普斯”。协调整齐的圆锥形树形和美丽的青灰色树叶是很有魅力的。如果想欣赏高大雄伟的自然树形也可以不修剪，但是因为要种在庭院里，认真进行以枝换枝的疏剪是很有必要的。

### 球形、半球形

球形半球形的有侧柏、“莱茵藏金”北美香柏、“金球”北美香柏、金叶花柏、“蓝星”高山柏等。

**性质和修剪方法：**因为树心本身就有难以直立向上生长的特性，随着树的生长，整体变为圆形树形。基本的修剪方法是剪去凸出的枝条。如果树长得太大，也可以将全体整枝。因为这种树形容易使内层树叶无法透气而枯死，所以剪去老叶非常重要。如果有需要也可以适度疏枝。

### 俯卧形

俯卧形的有“蓝色太平洋”刺柏、“巴港”平铺圆柏、“母脉”平铺圆柏等。

**性质和修剪方法：**伸展的枝条如果重叠好几层就会导致树枝枯死，所以应修剪枝条使它们不过度交叉。剪去生长过长的树枝，让树枝向四周平衡生长。

基本型修剪

疏剪　短截　整枝

# 圆锥形树木的修剪

## （例：杂交金柏　修剪适期：3—4 月、6—7 月上旬、9 月）

为了维持种下时的美丽树形，每年修剪是很重要的。按照基本树形用剪刀剪去凸出来的树枝或将其整枝。先从上面开始修剪，可能会更容易修整树形。在直立生长的树种中，如果树长有几根树心并长成了树干，就会使上部的体积增加，变成圆筒状树形。

在 11—12 月，可以用手捋掉树木内层的老叶。这样阳光就可以照进内层，也可以防止内层枝叶大量枯死。

应把树枝修剪为向外舒展的状态，以塑造自然柔和的枝势。先将大树枝依次剪去（强疏），再清理掉杂乱细小的枝条（轻疏）。

**要点**

针叶树上部的树枝有生长旺盛的特质，因此对占树形 1/3 的上部进行强度修剪，这样可以使树枝在生长后和下部的树枝保持协调。

从种下到现在有 1 年的杂交金柏。上部的树枝旺盛生长破坏了树形。

基本树形（圆锥形）

修剪后的树形（从上开始对占树形 1/3 的树枝进行强度修剪）

6 月后随时修剪伸出的徒长枝

不想让树变大的话，轻度修剪树心就可以

如果树心长成好几根，可以从根部剪掉，使树心变成 1 根

为了让新芽长大后长成基本树形，必须把它们剪到修剪后的轮廓的位置。

**修剪从上向下进行**

**1** 首先剪短最上面的、去年从树心附近长出的枝条。想让树木变大的话，不要修剪树心使树干笔直向上伸展。有几根树心时，将其剪成 1 根。

2

修剪树心附近枝条时剪短到这个程度。将这里作为圆锥形的起点，剪短各个枝条。

3

然后剪短旺盛生长以至破坏树形的上部枝条。按照基本树形的曲线来决定将各枝条修剪到什么位置。进行强度稍强的修剪是修剪要点。

4

剪掉长势旺盛扰乱树形的树枝。

5

然后按照基本树形的曲线，剪去从中间部分到下部的枝条，虽然它们长得还不是很茂盛。

6 一边从离树远些的位置确认树形，一边剪去凸出的枝条，调整细节部分。

变成了干净清爽的树姿。上部修剪得稍微重了一些，但抽出新芽后树就会变成美丽的圆锥形。

疏剪 短截 整枝

# 球形树木的修剪

## （例：侧柏　修剪适期：3—4月、6—7月上旬、9月）

在修剪像侧柏这样的球形针叶树时，因为没有清晰的树形，所以不要剪去顶点部分，对整体整枝，塑造出细窄的卵形树形。如果想把树高变低些，或是在积雪冰冻地区想要防止树上堆积雪块，可以对全部树枝整枝。

虽然针叶树疯长的粗壮树枝不多，但呈横向扩展。在缩剪这种树时，注意短截时不要剪到没有树叶的位置。

树形看起来还算整齐，但是由于放任不管导致体型过大的侧柏。

**要点**

如果树木内层因空气不流通而枝叶枯死，首先要修剪有树叶的部分，让阳光照入内层，待更内层的部分树叶长出后，下一年再进行短截。重复操作这个过程，花上几年时间就可以把树缩小了。

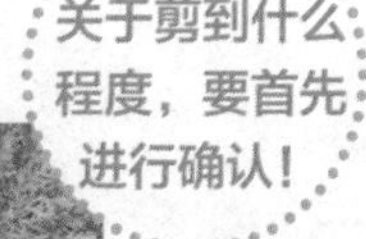

关于剪到什么程度，要首先进行确认！

透过枝叶可以窥到内层枝叶已经干枯。按照曲线所示的位置对树枝进行整枝，留下部分树叶。

对整体整枝时，注意不要过度深入。因为想把树高变得低些，也修剪了上部。

一次整枝到这个程度就可以了。如果想把树变得更小巧些，需要花几年的时间进行修剪。

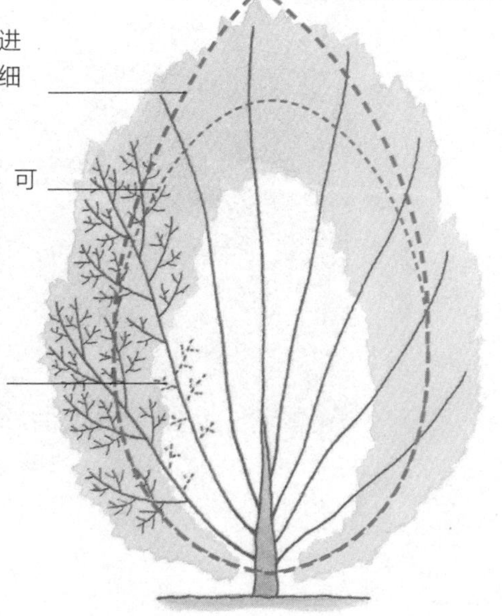

应用型修剪

疏剪　短截　整枝

# 让疯长的树木变回纤细身形

## （例：落基山圆柏“蓝色天堂”　修剪适期：3—4 月）

由于几年间忽略了对树的打理，疯长的针叶树变得乱糟糟的。为了让针叶树变回纤细的树形，必须进行强度修剪。对本就不适合强度修剪的针叶树而言，修剪要诀是：要在 3—4 月进行修剪，以及对没有树叶的部分不要过深修剪。

种下后有六七年都没有打理过的“蓝色天堂”。和原来的圆锥形树形相比非常散乱。

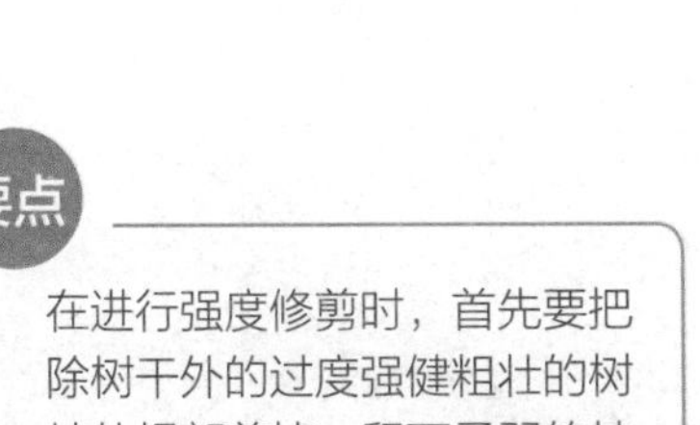

**要点**

在进行强度修剪时，首先要把除树干外的过度强健粗壮的树枝从根部剪掉，留下柔弱的枝条。之后再调整整体树形。

**确认整体协调后再修剪！**

先揉搓掉内层的枯叶，再修剪萌蘖枝、枯枝和下垂枝，接着把长势过旺的粗枝从根部剪除。修剪前要像图片中一样，先用手试着拉一下树枝，确认好剪掉这条树枝后树形整体平衡感会怎样变化，之后再进行修剪。按照“维持树形平衡的整枝修剪”进行。

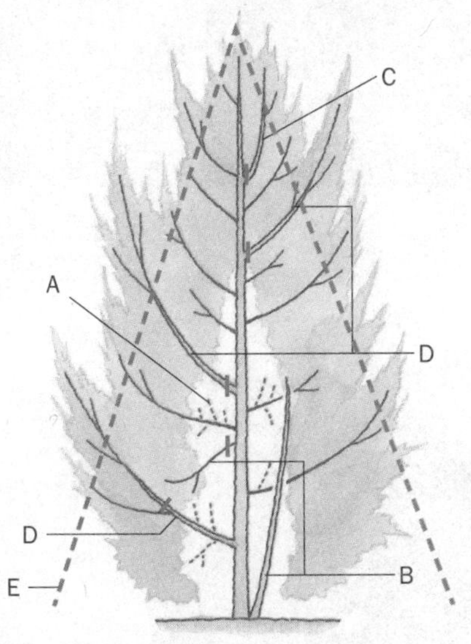


A 用手揉搓掉内侧枯萎的树叶。
B 剪去萌蘖枝、枯枝和下垂枝等。
C 如果有数根树心，要把树心剪成 1 根。
D 从根部剪掉长势过盛的粗枝。只有在如果剪掉它后树形会大受影响的情况下，才可以将树枝从中间截断。
E 按照基本树形，一边确定长树叶部分的位置，一边进行修剪，塑造出纤细的树形。

变成了非常清爽的树姿。之后每年都进行整枝修剪，就可以在 2~3 年后变得宛如另一棵树了。

应用型修剪

疏剪　短截　整枝

# 把长高的树剪矮

（例：优雅伊诗美　修剪适期：3—4 月）

圆锥形针叶树的特性是，以先端的树心为中心，树枝自然生长成型。为了把树的高度降低而进行修剪时，如果只是简单地剪去树干上的枝叶，侧枝就会直立生长，不能变回圆锥形。应该挑选出可以作为新树心的树枝，以它为基准调整树形、展开修剪。

树很高，但树形横向膨胀，非常杂乱。首先向树的内层透视，一边摘掉枯叶，一边确认是否有直立枝、交叉枝等。

**1**

用以枝换枝的方式修剪树心。选出作为树心的枝条，在紧邻分出树心的分枝点的上方，剪去其上部树干。

以枝换枝，修剪树心

**2** 思考出和新树心配合的树形曲线后，从上面的侧枝开始依次短截树枝先端。为使阳光照入内层，疏剪拥挤部分的树枝。

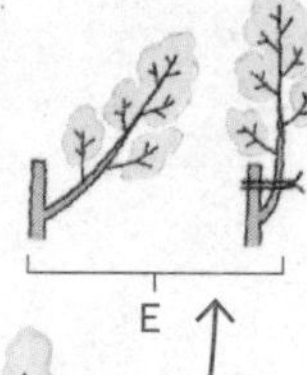


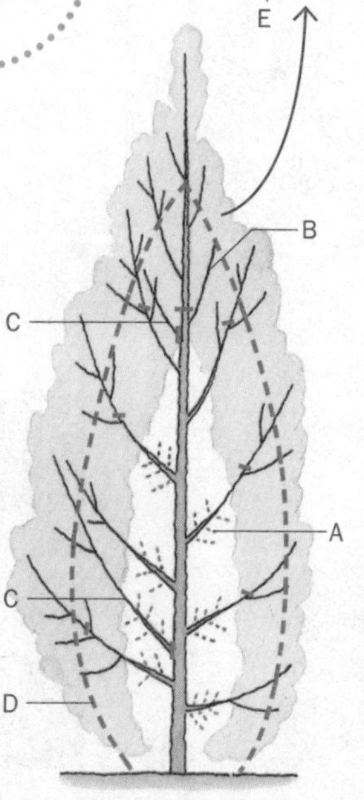


A 用手揉掉内层的枯叶。
B 定好新的树心，剪掉在它上面的树干部分。
C 从根部剪去无用枝，以及和新树心竞争生长的树枝。
D 沿着与新树心配合的修剪曲线，短截各树枝先端。
E 新树心生长时虽然多少有些倾斜，但最终会直立起来。但是如果在树心特别倾斜的情况下，修剪时可以将树干留长一些，用捆扎绳将新树心固定到树干上使树心直立起来。注意不要过度弯曲树心，以防树心折断。

虽然树心附近树枝很少，但是它们会向上旺盛生长，很快就能挡住空缺的部分了。虽然树心还是倾斜的，但一旦长起来就会变得直立，不用担心。

疏剪 短截 整枝

# 对下部树叶枯萎的树木进行标准造型的修剪

**（例：黄金柏 修剪适期：3—4月上旬）**

黄金柏等树种如果管理不慎容易导致下部树叶干枯掉落。如果这种情况发生，就让我们尝试一下标准造型吧，你会感受到树的新魅力。

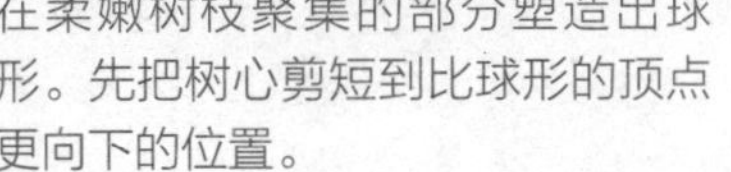
在柔嫩树枝聚集的部分塑造出球形。先把树心剪短到比球形的顶点更向下的位置。

1 从根部剪掉无用枝。

2 把剩下的枝叶剪得圆一些。用园艺剪修剪树枝的先端，整枝要认真仔细，不要伤到其他枝叶。

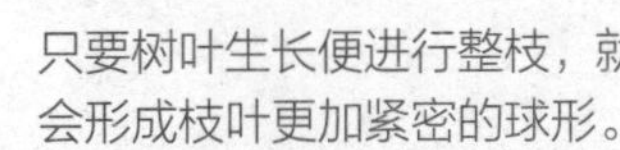
只要树叶生长便进行整枝，就会形成枝叶更加紧密的球形。

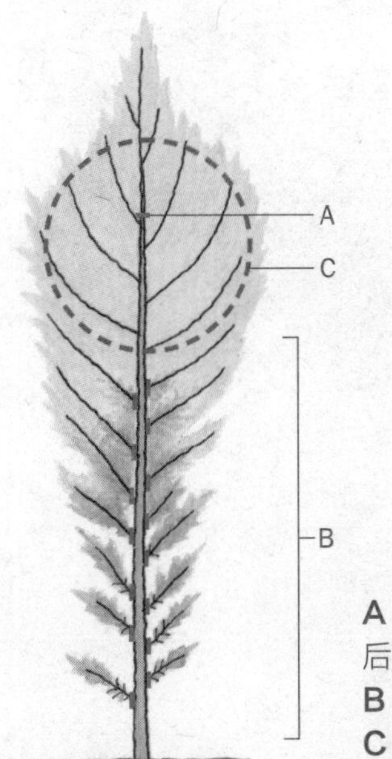


**A** 决定好球形树冠的位置和大小，然后剪短树心。
**B** 把下部的无用枝从根部剪除干净。
**C** 把剩下的树枝剪得圆一些，塑造出球形。

专栏 3

## 不开花！——除修剪外要思考的其他原因

很多人咨询过我关于花木不开花的事情。其中多数原因是花芽分化期之后整枝导致花芽被剪掉。有些人想要把庭院收拾得干净清爽一些来迎接正月，所以在年末会修剪所有的庭院树木。但一定要注意的是，老枝开花的树已经在此时形成了花芽。另外花芽分化时是需要光照的，所以如果不进行修剪会导致树枝过度拥挤，花也会变少的。

那么除修剪之外还有什么原因导致花木不开花呢？在使用嫁接方式长成的花木树苗中，有很多嫁接的部分还没有度过冬天就已经枯萎，只剩砧木在生长的案例。砧木通常都是健壮的原种或者是近缘的其他品种，所以会发生“本以为今年树会长大,结果长大的只有砧木”的情况。另外，因为原种的砧木会长出实生苗，所以不经过多年难以开花，或者即便开了花也不是想要的花。

我们认为由于树还年轻，生长非常旺盛，这也是无法形成花芽的一种情况。可能很多人会以为“树只要健康了就会开花”，但是这条规则只针对已经生长多年的成年树，而不适用于园艺店售卖的幼年树苗。花是花木传宗接代的器官，其只有成年后才能拥有花。但是树和花草是不同的。因为树的生命周期很长，从数十年到数百年不等，所以树成年大多需要花费几年的漫长时间。而还未成年的树木是不会开花的。另外，树在年轻的时候会优先生长发育，所以非常健康的树的开花情况就不是很好了。此外也有肥料效果很好而花却无法盛开的情况，其中的原因也是一样的。

### 为什么不开花？

**与修剪有关的原因**

- 花芽分化后进行整枝。
- 因为一直没有修剪导致树枝过度拥挤，日照不足，所以无法形成花芽。

**修剪以外的原因**

- 砧木没有生长。
- 因为树还很年轻，生长非常旺盛等原因而无法形成花芽。相对开出花而言，应优先让树体长大。

蔷薇的园艺品种的树苗是由嫁接产生的。图片是蔷薇的园艺品种在野蔷薇的砧木上生长的例子。如果对砧木的芽视而不见，芽就会生长过旺从而阻碍本体的发育，所以一旦发现就要掐掉。

# 第6章

# 造型树的修剪

# 用整枝打造美丽的绿色栅栏

## 使生活充满情趣的绿篱

绿篱是以隔断视线、挡风等为目的，在和道路或邻地等的交界处，用植物作为材料制造出的栅栏。可以说只要是有些年头的房子旁就一定能看到绿篱。即便是新建的住宅为了保护隐私，先不管庭院设计怎样，至少得有绿篱……我想这种例子有很多。

因为所用材料是植物，所以从种下到成形，需要花费很多时间和精力。即便是这样，和其他材料造的栅栏相比绿篱还是有着很大的优势，那就是费用很低，更重要的是四季的绿色给生活环境增添了情趣。明明可以凭借美貌成为“绿窗帘”的绿篱却靠实力成为了“绿围墙”。

## 梅雨时节和秋天是整枝适期

通过整枝这一修剪方法，可以维持绿篱的形状。虽然在不伤害树木的修剪时期内进行修剪是基本的常识，但由于整枝不会剪去要用到锯子的粗枝，对树的伤害也比较小，因此即使修剪不拘泥于修剪适期也是可以的。

但是一般来说，春天的新芽生长结束的6—7月，以及秋天的芽生长结束的9月下旬至10月，是对绿篱进行整枝的好时机。其原因是，在芽生长结束的时间进行修剪，可以使修剪后的树形维持整洁的时间更久。

**绿篱的种类**

绿篱有多种多样的形状。其中有以分界、隔断视线为目的的高1m~2m的普通绿篱，有以防风、防火等为目的的高3m~4m的高绿篱，有使用多种树种来使绿篱外表产生变化的混合式绿篱，也有采用了观花花木的花篱等。

三叶木通、藤本蔷薇等会缠绕在竹篱笆、栅栏等上面，因为这种篱笆使用植物作为材料，所以它们也属于绿篱。

日本花柏的绿篱。“绿围墙”会随着季节的变化改变自己的样貌，为生活增添情趣，给人安宁。

可以欣赏花的山茶绿篱（花篱）。

## 观花绿篱在花谢后立刻修剪是基本操作

为了欣赏花，防止修剪时把花芽剪掉是非常重要的，所以要在下次的花芽形成之前进行整枝。比如对 4 月盛开的日本吊钟花而言，要在下一年的花芽还没形成的 5 月进行整枝。

虽然最好在花谢后迅速进行修剪作业，但是像丹桂、茶梅等在秋天开花的常绿树，其花芽是在初夏形成的，所以在冬季的寒冷消散完的 3 月前后进行修剪较好。

在花谢后整枝完毕之后，只进行剪去凸出枝条这种程度的修剪来调整树形（参考 53 页“花木的修剪”）。

日本吊钟花的绿篱。日本吊钟花在春天是新绿色，开白花，在秋天可以欣赏红叶。

### 常用作绿篱的树种

由于遮挡视线和风等目的，多数情况下会使用一年中都长有树叶的常绿树做绿篱，但是也有很多其他可以用作绿篱的树种。它们的共同点在于，无论进行多大强度的整枝都有很好的萌芽能力。

| 常绿树（用作高 1m~2m 的绿篱） | 常绿树（用作高 3m~4m 的高绿篱） | 花木类（用作高 1m~2m 的绿篱） | 球果植物类（用作高 1m~2m 的绿篱） |
|---|---|---|---|
| 冬青卫矛、红叶石楠、钝齿冬青、柊树、齿叶木樨、乌岗栎、具柄冬青、银姬小蜡等 | 槲树、小叶青冈、红叶石楠等 | 茶梅、山茶、丹桂、檵木、日本吊钟花等 | 羽叶花柏、日本花柏、杂交金柏、“欧金”崖柏等 |

※ 紫杉、土杉等虽然不属于球果植物类，但也是针叶树，可以购买少许。

有美丽的黄色新芽的冬青卫矛。

乌岗栎。作为备长炭的原料为人所知，因为树叶小、分枝性好，所以常被用作绿篱。

红叶石楠。它是光叶石楠和石楠的杂交种，新芽和新叶呈似要燃烧的红色，有着令人惊艳的美感。

土杉。属于常绿针叶树，以华丽的造型而闻名，同样可以通过整枝修剪作为绿篱。

# 绿篱越修剪越美丽

## 薄而有棱角的绿篱更美丽

在标准的长方形绿篱中，那些不厚重，而且有清晰分明的棱角的绿篱看起来更美丽、更高级。厚度比较薄的话，茂盛的枝叶也可以通过适量的光和风，保持内层的树叶不干枯。另外由于其可以节约空间，适合在庭院里大范围使用。

整枝可以将树木塑造成任何形状，我们可以积极利用这一特点，像雕塑一样对绿篱进行大胆的塑形。

○ 被修剪得没什么厚度且棱角分明的紫杉绿篱。

✕ 变厚了的紫杉绿篱。因为内层树枝枯萎，所以很难把它变得更薄。

日本女贞的绿篱。上面呈一条直线，棱角清晰分明，非常美丽。在下部经常种上沿阶草等草本植物，而这里种的是被整枝后的钝齿冬青。

## 整枝至去年修剪的位置

难道整枝不是只修剪表面吗？整枝时剪到哪个位置是非常重要的问题。

在保持已经塑造好的绿篱形状时，为了不让它继续变大，每年整枝至上一年修剪的位置是基本操作。比上一年修剪的位置更浅的整枝，会留下当年中途长出的树枝，而树枝先端会发出新芽。如果持续这样，会导致绿篱一年比一年膨胀。内层的树枝越是干枯，树体越会变大，这样下去进行强度修剪也没办法把树形变小，所以一定要注意这点。

## 每年整枝两次以上最理想

树木整枝的原理和花草的整枝是一样的，越整枝，枝叶越能分出细小的分枝，绿篱就可以变得茂密、优质。而每年进行两次以上整枝是最理想的。

但是实际上可能多数家庭每年只整枝 1 次就结束了。如果是长得不是很快的绿篱树种，每年修剪 1 次也没什么问题，但是像红叶石楠等生长特别迅速的绿篱，建议您每年修剪两次。由于 1 年时间会长出用绿篱剪剪不掉的粗枝，所以如果只是正常修剪，整枝程度会变得比去年更浅，当你意识到问题时可能绿篱已经变得又大又厚了。

### 随整枝方式而变化的绿篱（从绿篱的截面来看）

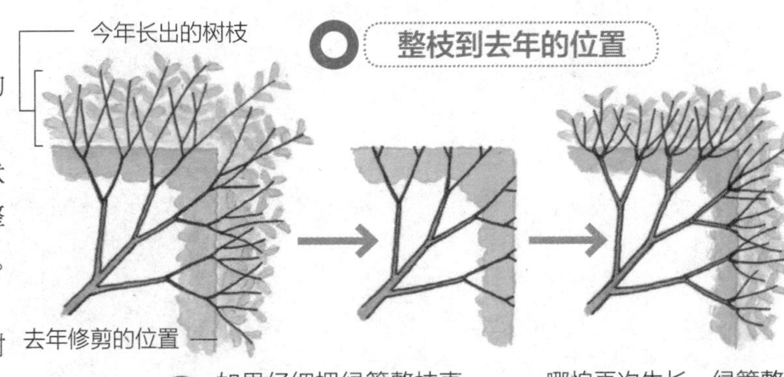


1 如果仔细把绿篱整枝直到去年修剪的位置……

哪怕再次生长，绿篱整体的大小也不会改变。

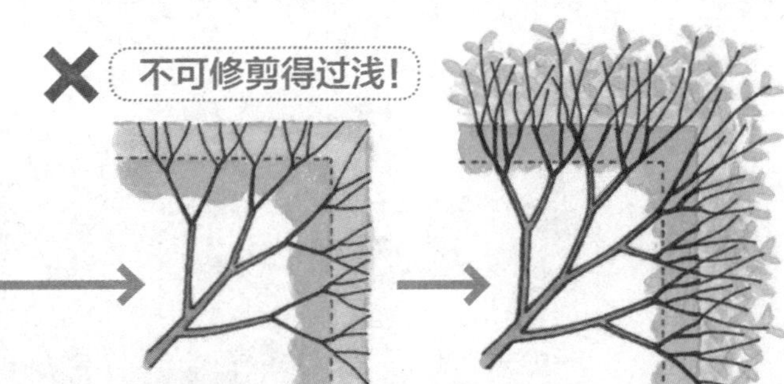


2 如果只是稍稍修剪，留下今年长出的树枝的话……

这之后新芽长出，绿篱整体膨胀起来。另外因为上一年的树枝变得太粗了，没有办法过深修剪恢复绿篱形状。

只在秋天稍微整枝 1 次的情况下，红叶石楠树枝的生长方式。只是 1 年时间，却长了 20 cm。

# 矮绿篱的整枝

## （例：柃树 修剪适期：6—7 月、9 月下旬至 10 月）

无论从矮绿篱（高约 1.5 m 及以下）的顶部（上面）还是侧面开始修剪都可以，但通常是从顶部开始修剪的。修剪侧面时，用绿篱剪从上到下修剪是基本操作。为了使绿篱看上去更美丽，要把顶部和侧面构成的角整齐分明地修剪出来。

要点

把绿篱修剪得越向上越薄，使横截面有些像梯形，这样修剪后即便长出新芽，绿篱的形状也不会散乱。

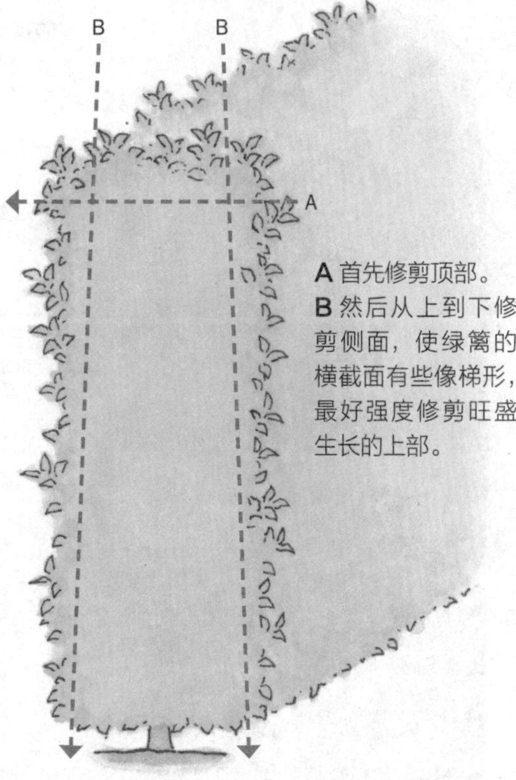


A 首先修剪顶部。
B 然后从上到下修剪侧面，使绿篱的横截面有些像梯形，最好强度修剪旺盛生长的上部。

距去年 6 月整枝约 1 年的柃树绿篱。

1

先用修枝剪剪去无法用绿篱剪剪断的粗枝。把枝条剪短至比修剪后的表面还要向内 5 cm 的深度，可以使长势旺盛的徒长枝在修剪后难以长出。

修剪矮绿篱要从顶部开始

2

对于顶部，要使用剪刀背面进行修剪。从绿篱的两侧开始修剪，更容易修剪得平整。

## 3

每次拂掉剪下的枝叶后，就会更容易看出整枝后的绿篱轮廓线。

修剪完顶部后继续修剪侧面

## 4

从上向下修剪侧面是修剪的基本操作。边观察侧面下部分枝叶位置边修剪上部分长出的枝条，这样更容易调整绿篱的形状。

## 5

多次确认修剪后的面，如果有凸起部分就再次修剪。

清理枝叶，进行细微调整

## 6

修剪结束后，可以用竹扫帚把卡在绿篱中的枝叶清扫干净。如果有一些漏剪的凸出枝条，就把它们剪掉。

顶部和侧面形成了分明的棱角，变成了清爽整齐的美丽绿篱。

这时该怎么办？

## 塑形绿篱时的整枝

虽然想先放置绿篱不管，直到它长到目标大小，但为了塑造出厚度较薄、枝条密集的漂亮绿篱，在种植后的下一年就要开始进行轻度整枝了。最初修剪时，可以把横向的枝条剪到目标厚度的2/3左右，每年再稍微抑制树心生长，使树枝分枝，直到达到目标高度为止。若达到了目标尺寸，则整枝到去年修剪的位置即可，使其枝叶繁盛生长就大功告成了。

上一年种下的杂交金柏的绿篱。

把横向的树枝修剪到目标厚度的2/3左右。

剪掉绿篱上横向生长的树枝，使其无法碰触到旁边树的树枝。

疏剪　短截　整枝

# 高绿篱的整枝

## （例：具柄冬青　修剪适期：6—7月、9月下旬至10月）

高绿篱的顶部高于视线，因而难以确认其顶部是否平整，在修剪时容易修剪得凹凸不平。因此，要在绿篱的两端竖起棍子，水平向拴上绳子，然后沿着这条绳子修剪就可以很好地完成作业了。另外，如果先修剪侧面，在修剪顶部时就不会被树枝影响，作业也会更简单顺利地进行。

在这里介绍的是使用电动绿篱机（参考19页）进行作业，使用绿篱剪的操作也基本是一样的。

**要点**

要想修剪好高绿篱，水平向拉好作为标记的绳子之后再修剪。

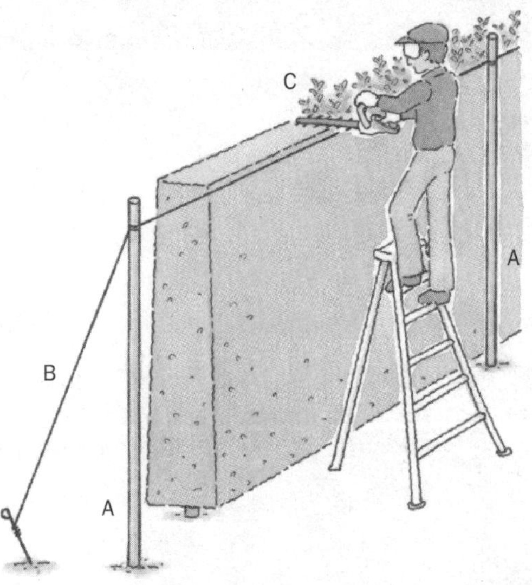


A 在绿篱的两端竖起棍子（园艺支柱等）。如果是绿篱比较长的情况，也可以立在中间。
B 与顶部的棱角配合好位置，把绳子水平向拉开。把绳子拴在棍子上，最好再把绳子的另一端钉在地面上固定住。
C 修剪侧面，沿绳子修剪顶部。

注意

登上梯凳等进行作业时，要注意确认梯凳的稳定性，不要失去平衡。

1
首先为了整齐地修剪顶部，要水平向拉开绳子作为标记。

**高绿篱从侧面开始修剪**

2
修剪绿篱两端的面。注意不要误剪掉作为标记的绳子。

**3**

然后修剪侧面。可以用电动绿篱机沿着从上到下、从下到上两个方向进行修剪作业。

**4**

要多次回顾修剪后的面，如果有凸起部分就再次修剪。

**修剪完侧面后修剪顶部**

**5**

顶部要沿着水平向拉开的绳子进行修剪。横、纵向转变方向，移动绿篱机修剪，这样更容易均匀地完成修剪。

**6**

修剪结束后，用竹扫帚把卡在绿篱中的枝叶清扫干净。如果还有凸出的树枝就把它们剪掉。

撤掉绳子和棍子，清理干净剪掉的枝叶，整枝就完成了。

## 这时该怎么办？

### 树枝干枯后在绿篱上形成一个坑

在一部分的树枝干枯后形成了坑的情况下，可以用绳子引导周围树枝的生长，慢慢就会补上这个坑了。

绿篱也常有一部分树从根部开始枯萎，在这种情况下，可以种下新植株来代替枯萎的树，花上数年的时间通过整枝修复绿篱。

形成坑后的紫杉绿篱。

首先剪除枯枝。

3 为了填补这个坑，要引导附近的树枝长过来。

在进行了数年的整枝后坑也看不到了。

# 和式造型树是模仿自然树木的人工树形

## 庭院树木的自然树形和人工树形

庭院树木的树形中有自然树形和人工树形。自然树形是这个树种天生就有的形状，庭院树木重视自然风情，多会按照自然树形进行修剪。另外，人工树形是人为造型的树形，主要是通过整枝的方式来塑造出在自然界中看不到的树形，虽然一般会使用萌芽力很强但生长缓慢的常绿树，但和式造型树和西式造型树对造型的思考方式有差异。

## 西式人工树形非常独特

西式造型树的特点是独特的人工造型。沿着架出动物形状、几何形状等形状的模具整枝修剪出绿雕塑（参考 94 页），或是剪掉笔直树干上的下部枝条，将顶部的树枝整枝成球形，塑造出标准造型等。西式造型树就是以这样的造型为人所知的。

这些造型树常使用锦熟黄杨、针叶树类等。

由圆锥形造型、阶段式造型、直干散玉式造型等多种和式造型树构成的庭院。日本金松、日本花柏、紫杉等常被用作日式造型树。

## 和式人工树形重现了老树的树形

和式传统造型树再现了经历过数十年岁月的老树树形。可以说是接近自然树形的人工树形。但是也有圆筒形、圆锥形这种形状更具人工感的造型树。请参考下面列举的和式造型树代表。

直干散玉式造型的土杉。有种历经沧桑岁月的老树的风情。

## 具有代表性的和式造型树

### ●人工造型
**（常用树种：山茶、茶梅、木樨类等）**

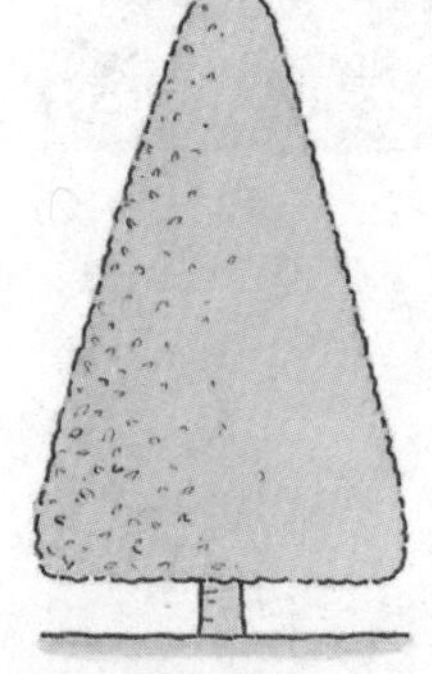

**圆锥形造型**

整枝成圆锥形

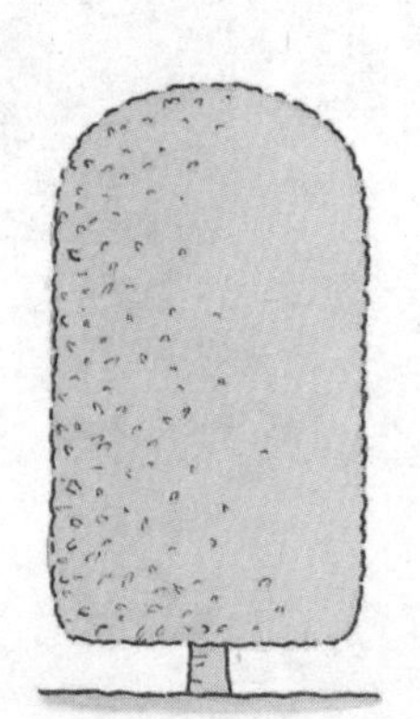

**圆筒形造型**

整枝成像茶叶罐一样的圆筒形

**半球形造型**

整枝为半球状。随着树变大，与高度相对应的宽度也会增加

### ●模仿自然树形的形状
**（常用树种：钝齿冬青、土杉、日本扁柏等）**

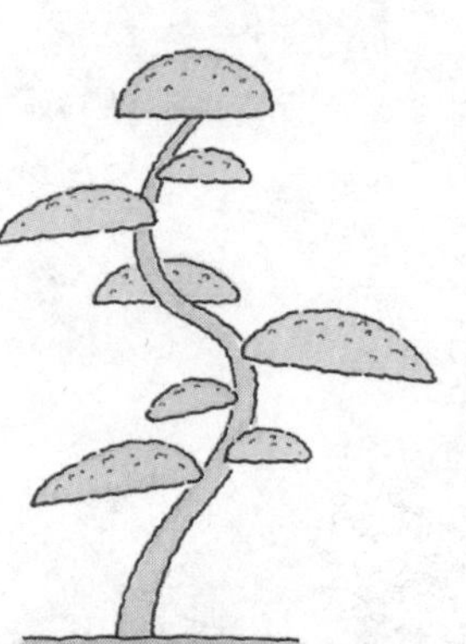

**曲干散玉式造型**

使用拉枝诱引、修剪等方法，塑造出弯曲的树干和大小不同的球形枝片。弯曲的树干似有几分不胜风雪的雅趣

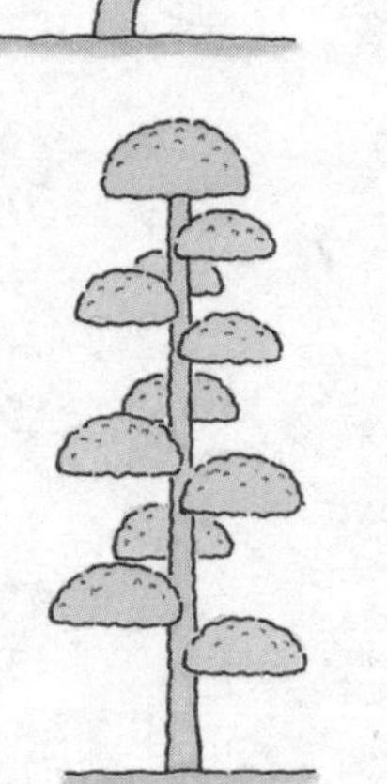

**阶段式造型**

和直干散玉式造型接近，但其球形枝片的大小和分布更加均匀

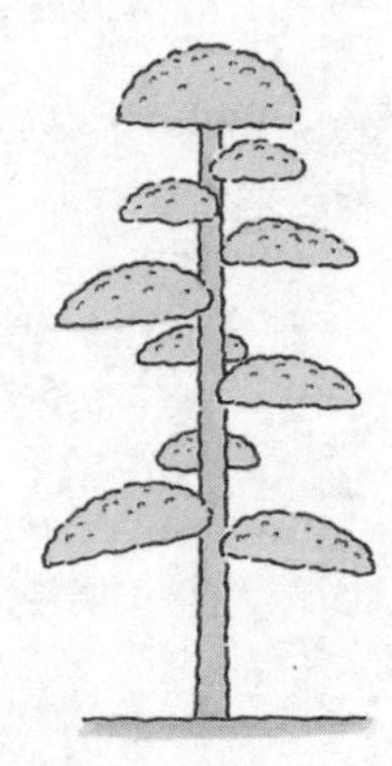

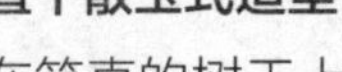

**直干散玉式造型**

在笔直的树干上塑造出大小不一的球形枝片

# 通过整枝维持和式造型树的树形

## 春季到秋季，每年整枝 2~3 次

和式造型树的修剪以整枝为基本操作。每年整枝一次虽然也可以最小限度维持树形，但是每年修剪 2~3 次的话，枝叶就会变得细小紧密，可以塑造更美丽的造型。

造型树中有很多常绿树都可以在 3—10 月内任何时间进行整枝。但其中也有修剪的适期，那就是春天新芽生长结束后的 6—7 月上旬，以及夏秋的芽生长结束后的 9 月下旬至 10 月。

整枝修剪成半球形的日本吊钟花。可以清楚看到其纤细的枝势。日本吊钟花被认为是造型树中落叶树的代表，其秋天的红叶尤为美丽。

## 勤恳修剪，保持修剪曲线

如果多次修剪到同一个位置，就会形成一条修剪的基本曲线。如果沿着这条曲线修剪，作业就会变得轻松起来，也更容易保持树形。相反地，如果整枝的次数很少，就无法在同一条线上进行修剪，球形枝片的厚度也会逐年增加。整枝频繁些来维持修剪曲线，实际上就是使修剪作业能够一击即中、简单轻松的关键点。

对钝齿冬青的曲干散玉式造型树整枝。打理细致而形成清晰修剪曲线的树，整枝作业会很轻松。

### 不可以对松树整枝！

松树的萌芽力很弱，即使把树枝从中途剪断也没有办法长出新芽。另外它极其喜爱光照，所以密集长出的树叶会枯萎掉。由于这样的特质，就不能对松树整枝，而是用春天“摘绿”、秋天“拔叶”这样完全不同的方法进行打理。因为要一枝一枝地进行作业，会费很大工夫。

**摘绿**（修剪适期：5 月）

从一处伸出的好几条嫩芽之中，选取两条可以构成 V 形的新芽，并把它们掐去一半的长度。把位于中间、长得最长的新芽摘短到靠近根部的位置。而剩下的新芽不会长得很长，所以就形成了节间缩短的树形。

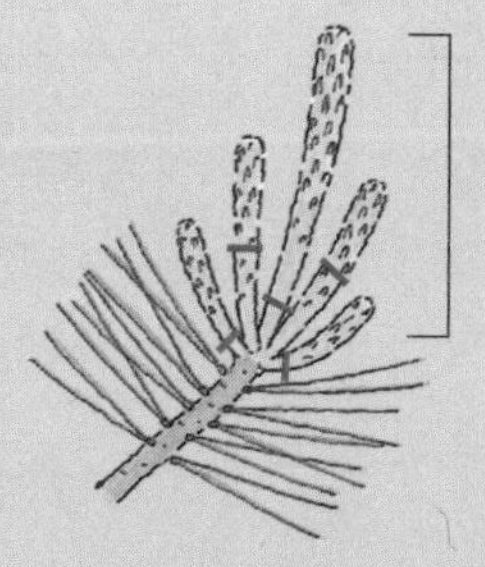


**拔叶**（修剪适期：11—12 月）

用手捋下老叶（上一年长出的树叶），进行疏枝，使阳光照入内层，防止枯枝产生。同时把缠在一起的树枝、重叠的树枝等疏剪掉。

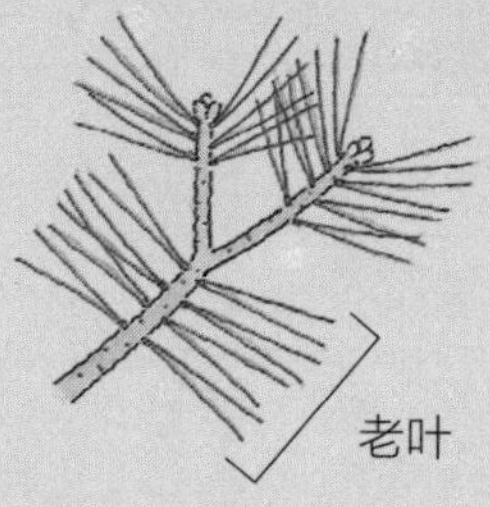

按类型区分

# 修剪的技巧

修剪每个类型的造型（参考 87 页）都有使你顺利完成修剪的技巧。让我们在掌握这些技巧后去塑造姿态美丽的造型树吧！

## ●曲干散玉式造型

树干上部的弯较小，越往下越大，而且变得缓和，在弯度大的部分长的枝叶也较长。“玉”是一个又一个薄薄的半球形枝片，被修剪成水平状或是稍微向外倾斜。枝片的大小和位置与整体的平衡有着密切的关系，因此注意不要把大的半球形枝片剪小。

## ●直干散玉式造型

树干笔直，使长短不同的枝片分布在树干周围。这里枝片的造型从轻薄的半球形到稍微发圆的半球形都可以，下面要修剪得几乎水平。因为其特点是具有长短不同的枝片，所以注意不要把边缘修剪得太短。因为从树干容易长出萌芽枝，所以要勤于修剪。

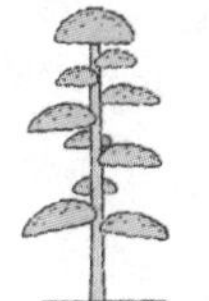

## ●阶段式造型

和直干散玉式造型很像，但是相对而言，阶段式造型的枝片大小和间隔更加均匀。修剪也可以仿照直干散玉式造型，但这里的“玉”一般修剪成有些圆的半球形。剪下的树叶很容易卡在枝片里面，因此要把它们仔细清除掉。

## ●圆筒形造型

山茶、丹桂等花木做造型时经常使用的树形。在优先开花的情况下，要在花谢后进行整枝。之后马上长出的树枝会带有花芽，所以不要进行第 2 次整枝，只进行剪去凸出树枝这种程度的修剪。只通过花谢后的整枝来保持一整年的美丽树形是难以办到的。要想好是优先保持树形还是优先保障开花，再决定整枝的时间。

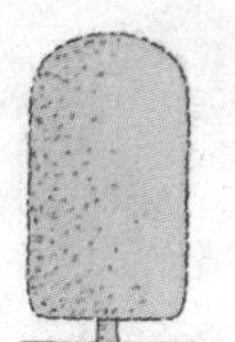

### 圆筒形造型的整枝

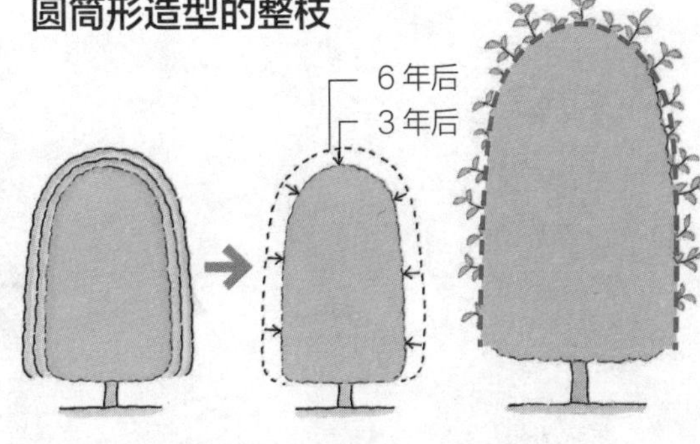


持续进行左边的整枝会使树逐年变大，但只要不让内层树叶枯萎就可以把树变小。

如果要维持原有大小，就修剪到去年修剪的位置。如果想让树变大，就修剪到比去年修剪位置稍微向外的地方（红色的虚线）。

为了防止内层树叶干枯，可对树枝拥挤的部分进行疏剪。

## ●圆锥形造型

整枝的步骤可以仿照圆筒形造型进行。如果树心分成很多根，会使上部树冠体积变大，破坏圆锥形树形，所以在整枝时要进行确认，如果有多根树心，就把它们剪成 1 根。

## ●半球形造型

对生长旺盛的上部进行强度修剪。如果修剪过深，剪到没有树叶的部分，树枝就可能枯死，所以整枝时一定要注意。对于杜鹃花等花木在花谢后进行整枝，然后只剪去凸出的树枝就可以了。对于钝齿冬青、枷罗木等每年修剪两次就可以欣赏到美丽的树形了。

过深整枝导致树枝干枯（圈内）的枷罗木。

基本型修剪

疏剪 短截 整枝

# 对曲干散玉式造型整枝

## （例：钝齿冬青　修剪适期：3—4 月、6—7 月、9—10 月）

用绿篱剪对一个个枝片（树枝）进行修剪。要从顶部到下部依序修剪树枝，因为这样剪掉的树叶就会掉到下一层枝片上，容易扫除，方便收拾。散玉造型的枝片要从下到上修剪，把枝片修剪成水平或者稍微向外侧倾斜的角度。

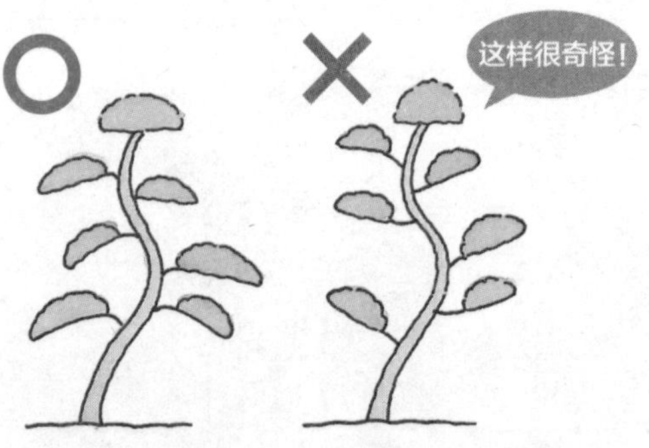

塑造曲干散玉式造型时，要让一个个枝片平坦伸展，把它们修剪成水平或者稍微向外倾斜的角度，这样看起来就很自然。

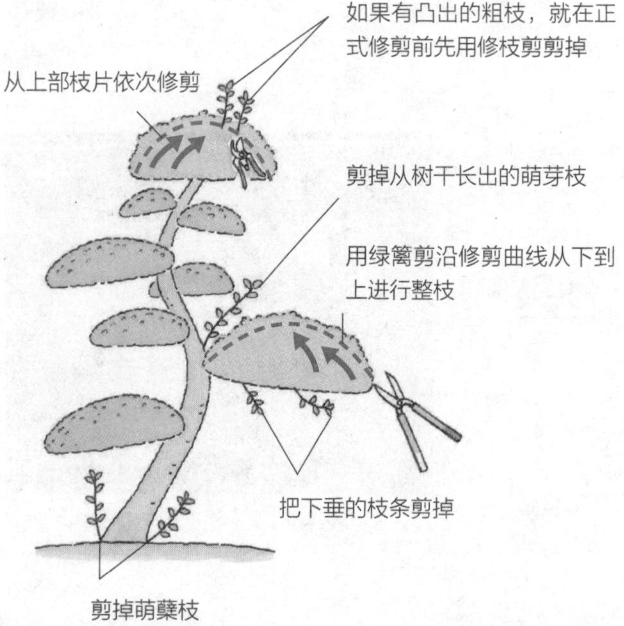

因为是春天长出的树枝，枝片有些厚重的感觉。

首先剪去无用枝

1 剪去从树枝根部或是从树干上长出来的萌芽枝。

从最上面的枝片开始依序修剪

2 站在梯凳上从最上面的枝片开始依序整枝。在庭院里的路是用砂石铺成的情况下，很难收集掉落的细碎枝叶，因此最好先在树下面铺上罩布再修剪。

3

这是整枝前的枝片，非常凌乱。

4 用绿篱剪逐个修剪枝片，沿修剪曲线从下到上修剪。

5

把绿篱剪反过来，用背面修剪枝片的上部会更简单。

6

把剪下的枝叶扫干净。

7

清扫树叶会让隐藏的长枝突显出来，所以需要用园艺剪仔细地把它们全部剪掉。

8 用园艺剪剪去枝片下方垂着的小枝条（左图）和在边缘处凸起的枝条（右图）等就完成了。

9

完成整枝的枝片。可以用同样的方式整枝所有的枝片。

10

对于在背光处枝叶密度比较小的部分，不要使用绿篱剪，而是使用园艺剪仔细修剪，以防修剪过度导致树枝枯死。

枝片的轮廓变得清晰，外形变得轻盈。

疏剪　短截　整枝

# 使直干散玉式造型树『重生』

## （例：紫杉　修剪适期：3—4月、6—7月上旬、9月）

如果对疏于打理而走形的造型树放置不管，就会导致树无法修复造型。因此在树变成这样之前，就毫不犹豫地去打理它吧。对于被放置不管到难以看清原本树形的树，我们需要推测出这棵树最初的树形是哪种造型。要看清它是直干还是曲干，枝片的分布是零散的还是几乎均匀分布的。

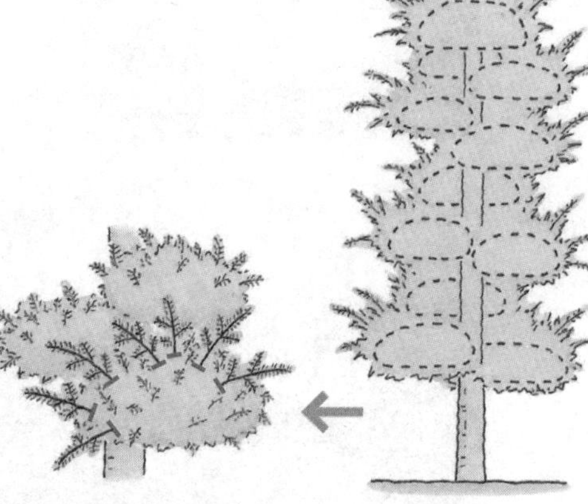

剪短凸起的长枝，更容易看清枝片

长出的树枝导致每个枝片难以分辨

剪掉加厚的枝片、使上下枝片紧贴的部分，让枝片显现出来

按照原本造型进行整枝，修整枝片

有大约 2 年时间疏于打理而走形的树木。已经无法清楚辨认原本的造型。

首先剪去凸出的枝条

**1**

为了推测出原本的树形，要用修枝剪剪短凸出的树枝。

**要点**

如果修剪到没有树叶的较深位置，树枝就会干枯，所以一定要在有树叶的位置进行修剪。

**2**

枝片厚度增加使上下枝片紧贴在一起，在没有办法变薄的情况下，就干脆剪去 1 个枝片。

看清树形后整枝

**3** 已经知道了原本的造型，所以下面通过整枝把枝片变成薄半球形（上图）。把绿篱剪翻面来修剪枝片的上部会更容易。

细节处用园艺剪处理

**4** 用园艺剪剪去没剪掉的树枝、从边侧凸起的枝条、在枝片下方垂着的小树枝之后就完工了。

修剪后

和修剪前相比像是变了棵树一样，树姿变得干净整洁。

## 修剪走形的钝齿冬青

**（修剪适期：3—4 月、6—7 月、9—10 月）**

钝齿冬青等生长比较缓慢的树种，即便是 1 年都没有修剪也仍有挽回的可能。

修剪前

去年完全没有修剪，所以树枝恣意生长，枝片也走形了。

**1** 因为长出了好几枝又粗又长的树枝，首先要用修枝剪把它们剪短。

**2** 由于难以看清修剪曲线，要一边寻找曲线一边修剪。

要点

如果修剪过深，修剪到没有树叶的部分，可能会使树枝枯死。最好一点一点地修剪，以防修剪过深。

**3** 整枝结束后，要用修枝剪把最初修剪出的粗枝剪口，剪到比修剪曲线更深一点的位置，最后用园艺剪修剪细节处就结束了。

修剪后

如果秋天也进行整枝，树会变得更美丽。

# 无论是西方还是日本，绿雕塑自古就有

## 绿雕塑是终极版人工树形

和重现自然树形的和式造型树相比，西方的造型树的特点是更有人造感，形状独特。其中，在西方的庭院里经常可以看到塑造成几何形状、动物形状等的绿雕塑，可以说是终极版的人工树形了吧。日本自古就有帆船、龟鹤等用于庆祝的造型树，我认为也可以把它们称作日制绿雕塑。

绿雕塑的塑造有直接对树木进行修剪来造型的方法，以及用模具诱引拉枝然后进行修剪的方法。如果是几何形状的造型可以直接修剪，而动物等复杂形状的造型则多使用模具。

在英国的公园里看到的绿雕塑，像是爬上高台迎接大家的松鼠。可以看到后面的城门也是通过修剪植物来制成的。

### 适合做绿雕塑的树种

萌芽力强、可长出密集细小的枝条，且枝条柔软容易诱引的树适合制作绿雕塑。另外，长得太快会使树形很快散乱，所以成长较慢的树适用于绿雕塑。冬天也有树叶的常绿树常被用作绿雕塑。

具体树种有钝齿冬青、金芽黄杨、龟甲冬青、锦熟黄杨、黄金柏、杂交金柏、紫杉、茶梅、柊树等。

女孩（左图）和男孩（右图）造型的绿雕塑。和他们并排手牵手就能变成开心的绿篱。

和式绿雕塑：钝齿冬青做的帆船。

## 随心所欲塑造动物造型和几何形状

**海豚、熊、天鹅、四棱锥、螺旋形或丸子。只要你不吝啬时间和劳力，可能就没有用绿雕塑造不出的东西。**

熊。用立体的模具将钝齿冬青诱引拉枝后进行修剪。眼睛是后来嵌入的。

四棱锥。只通过修剪就能造型。树种是侧柏。

海豚。在钝齿冬青直立的树干上部架设模具来造型。

郁金香。使用了扁平且有厚度的模具。树种是“金骑士”莱兰柏。

天鹅。立体的绿雕塑，如果是初学者可以从这种类型的模具开始尝试。

丸子。树种是“金骑士”莱兰柏。

螺旋形。树种是“金骑士”莱兰柏。虽然是远超人类身高的巨物，但这种高 2 m 左右的造型在家就可以轻松塑造（参考 98 页）。

成群飞起的海鸥。在钝齿冬青的 3 根枝干上搭建姿势不同的模具进行造型。

钝齿冬青塑造的企鹅。其成形使用了立体的模具。

应用型修剪

疏剪　短截　整枝

# 使用模具的绿雕塑造型方法

## （例：钝齿冬青　修剪适期：3—4月、6—7月、9月）

塑造绿雕塑主要的步骤是诱引和修剪。先弯曲树枝进行诱引，之后每年进行多次修剪逐渐塑形。越修剪，树枝就分枝越多变得更茂密，这和绿篱是一样的。

这次用模具来塑造一个心形的绿雕塑。有了模具就能固定住要诱引的树枝，然后可以沿着模具在同一位置进行修剪，因此作业比较简单，而且能在很短的时间内完成。

从根部分枝、高约 1 m 的丛枝型钝齿冬青。把树枝生长较平，且树枝容易向框架内诱引的一面作为正面。

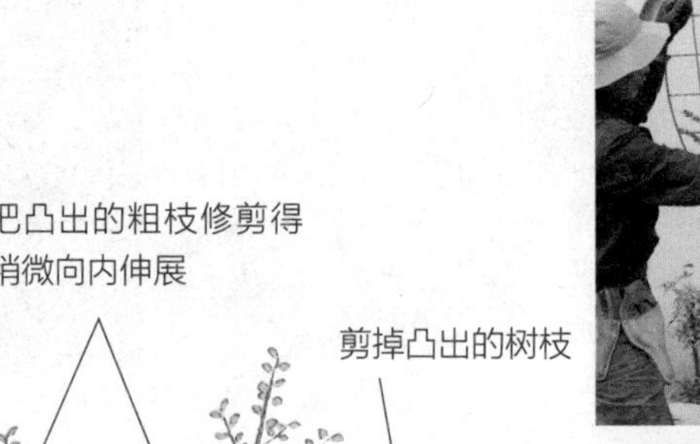

固定模具，剪除无用枝

**1** 首先把模具固定到植株上。夹在树枝和树枝之间更容易让内外层所有树枝均匀分布。

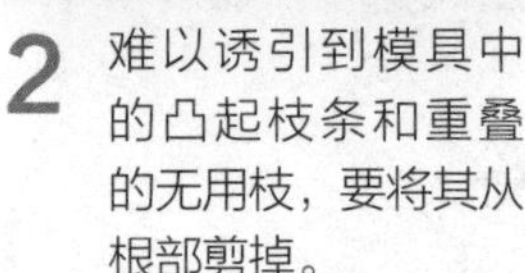

**2** 难以诱引到模具中的凸起枝条和重叠的无用枝，要将其从根部剪掉。

**3** 从粗枝开始向模具诱引，用捆扎绳将其固定在模具的网格上。

**要点**

为了不让生长变粗的树枝挣开绳子，可以把捆扎绳系得松一些。

诱引树枝后修齐

4

弯曲树枝，使全部树枝均匀分布。

9 粗枝要剪短到模具边缘以下（左图）。把树枝诱引到空的部分，将从模具中凸出的树枝修齐（右图）。

5 诱引结束后，修剪从模具中凸出来的树枝。

6 把粗枝截短到模具的边缘线以下，这样从切口分枝出的新枝就能与框架平齐了。

10

完成了第 2 次诱引和修剪。以后也要重复进行诱引和修剪每年三四次（避开冬天）。

7

首次诱引和修剪结束。

完成

3~4 年后，树枝长得很细密，形成了一个美丽的心形。厚度可以随意，这个绿雕塑的厚度大概是 10 cm。

以后就重复诱引和修剪

8

大概 4 个月以后再次诱引并修剪树枝。

疏剪 短截 整枝

# 塑造螺旋造型

## （例：“金骑士”莱兰柏 修剪适期：3—4 月、6—7 月上旬、9 月）

绿雕塑一般多用模具造型，但是如果使用树枝规范整齐且浓密的针叶树，就比较容易用剪刀修剪出螺旋状等几何造型。首先想象出以树干为中心卷上去的形状，接着从根部剪掉树枝，使侧枝变成螺旋状，再用剪刀调整形状，使修剪的部分上下斜度对接流畅。等树叶茂密起来，螺旋状就形成了。

修剪前

塑形中的螺旋造型。对新长出的上部整枝。

按照螺旋的旋转方向，从下开始把无用枝从根部剪除。剩下的树枝沿修剪曲线从下向上整枝。

C
如果想让树长高就不能剪掉树心，而是随着它生长及时整枝。

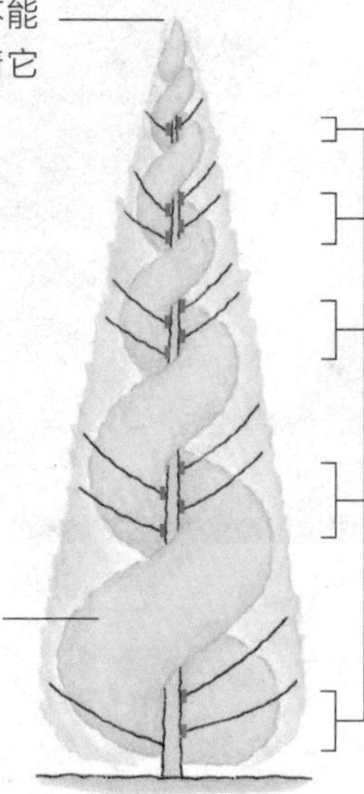

B
修剪剩下的树枝，使横截面变圆。

A
想象以树干为中心向上卷而且越来越细的螺旋形，从下开始依次把无用枝从根部剪去，塑造螺旋状。

修剪后

随时修剪长出的枝叶，让树更加茂密。

# 第 7 章

# 藤本植物的修剪

# 造型藤本植物很重要

## 生长迅速，树形易乱

藤本植物 1 年可以长出 1 m~2 m 长的蔓（树枝），有着生长迅速的特点。在有着粗壮树干能够直立的庭院树木中，不同的树种都有自己的自然树形。但是藤本植物无法自己直立起来，必须缠绕在其他东西上，随着缠绕的物体变成各种形状。一方面，藤本植物的形状有很高的自由度；另一方面，如果对它们放置不管，藤蔓就层层缠绕在一起，形状变得很乱。

## 选好造型方法后进行修剪和诱引

若想好好利用藤本植物的这种特点，把它们纳入有限的空间内，首先确定怎样造型是非常重要的。准备好和这种造型方式相配的支架，然后每年勤恳地进行修剪和诱引，这是可以长时间欣赏到藤本植物清爽造型的要点。

### 藤本植物的造型方法

利用藤本植物的特点进行造型的方法有直立式造型、棚架式造型、篱垣式造型等。

**直立式造型（例：凌霄花）**

造型方法是诱引藤蔓缠绕到 1 根直立的杆上。如图所示，树枝从顶部像伞一样垂落，也称为垂悬式造型。这种造型方法最大的优点是，不管在什么地方，基本上通过短截修剪就可以轻松维持树形。

**篱垣式造型（例：藤本忍冬）**

造型方法是让藤蔓缠绕到围栏、花格墙等栅栏状的东西上。如果利用已有的围墙等，价格会远比用绿篱专用的树造成的绿篱便宜。用金属或做过防腐处理的木材等耐用材料制成的围栏状物体比较合适。

**拱门式造型（例：铁线莲）**

造型方法是把藤蔓诱引到拱形结构框架上。因为比棚架占地少，所以即便是小院子也可以使用。

**棚架式造型（例：紫藤）**

使藤本植物最大程度发挥其特点的造型方法。要点是，首先要搭好一个扎实的棚子，再引导藤蔓均匀分布在整个棚子上。

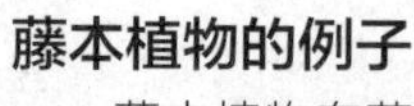

### 藤本植物的例子

藤本植物有草质藤本和木质藤本两种类型，在这里列举的是茎木质化的类型（木质藤本的类型）。

| 茎木质化的藤本植物 | 三叶木通、铁线莲、贯叶忍冬、西番莲、凌霄花、紫藤、野木瓜、木香花、藤本忍冬等。 |
| --- | --- |

## 要注意花芽分化期和修剪适期

### 藤本植物一般在 12 月至次年 3 月整枝修剪

藤本植物的修剪不用像一般的庭院树木那样剪去粗枝，而是除去枯枝，把缠绕在一起的多余树枝解开剪掉，等等。藤本植物需要进行特属于它的整枝修剪。通常这种整枝修剪在可以看清树枝状况的 12 月至次年 3 月进行（常绿树和耐寒性差的树木要在 3 月进行）。

### 观花植物在花谢后修剪，或是以防止剪落花芽的方法在落叶期修剪

一定要注意，修剪观花的藤本植物时不要剪掉花芽。修剪时期按照树种决定：是花谢后修剪，还是落叶期时边区分花芽边修剪。

尤其是对需要短截所有树枝的直立式造型而言，关键是在没有花芽的时期进行修剪。因此凌霄花等落叶期没有花芽的品种比较适合这种造型方式。

在修剪从树枝中间到树枝先端长出大量花芽的品种时，要对多余的树枝进行疏剪。

**观花藤本植物的花芽分化期及修剪方法与修剪适期**

| | 新枝开花 | | 老枝开花 | | | | | |
|---|---|---|---|---|---|---|---|---|
| 花芽分化期和开花时期 | 在春天长出的新枝上形成的花芽会在同年夏天（6—8月）盛开的树 | | 在 7—8 月形成花芽，下一年（4—5 月）开花的树 | | | | | |
| 修剪方法 | 在没有花芽的时期进行整枝修剪 | | 因为 12 月至次年 3 月已经长出了花芽，可以疏剪一些多余的枝条，或者花谢后进行修剪。短截要到花谢后进行 | | | | | |
| 树种 | 落叶性 | 常绿性 | 落叶性 | | | | | 常绿性 |
| | 凌霄花 | 贯叶忍冬 | 紫藤 | 藤本忍冬、金银花 | 木香花 | 三叶木通 | 铁线莲 | 金钩吻、野木瓜 |
| 修剪适期 | 12 月至次年 3 月修剪。短截所有树枝也可以。凌霄花在 3 月修剪 | | 12 月至次年 3 月修剪。边确认哪些是长出花芽的短枝，边进行修剪 | 疏掉多余的树枝，在 12 月至次年 3 月修剪。所有藤蔓上都会长出花芽 | 在花谢后的 5 月进行修剪 | 在花谢后的 5—6 月进行修剪，或是在 12 月至次年 3 月分辨花芽进行修剪 | 在花谢后的 5—8 月稍微修剪一下。修剪方法和实践根据品种不同有差别 | 花谢后的 5—6 月进行修剪 |

观叶忍冬

野木瓜

金钩吻

疏剪　短截　整枝

# 篱垣式造型的修剪

## （例：金银花　修剪适期：12 月至次年 3 月）

在篱垣式造型中，由于有些藤本植物有着枝条先端生长旺盛的特点，可能会导致篱垣上部的枝叶过度繁茂。要进行整枝修剪，使枝条均匀布满篱垣。

先除去上部杂乱缠绕的部分，再把过长的藤蔓截短。考虑到之后新蔓的生长，即便把藤蔓剪短些也没问题。如果有空缺比较大的部分，可以把藤蔓诱引过去。如果从最初种下树苗开始，每年都进行这样的修剪和造型，就可以使植物长期保持美丽整洁的状态。

种下后 2 年左右都放任不管，围墙上部的藤蔓都缠绕在一起。

1　上部缠绕在一起的藤蔓是多余的，所以要剪掉。

### 每年都进行修剪的情况

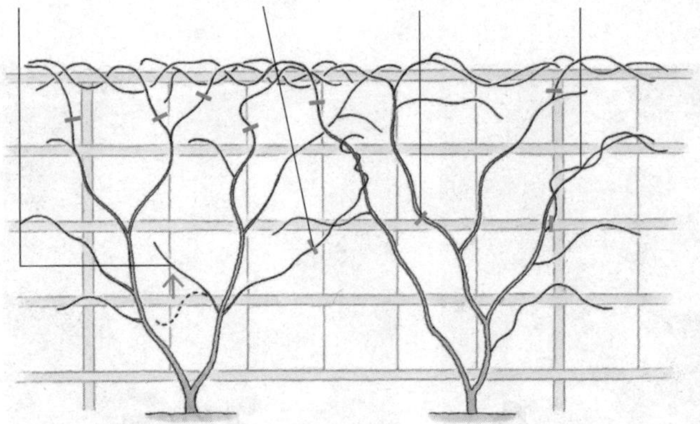


剪去围墙上部的藤蔓，使整体均衡生长。

### 植物只有上部过度茂盛的情况

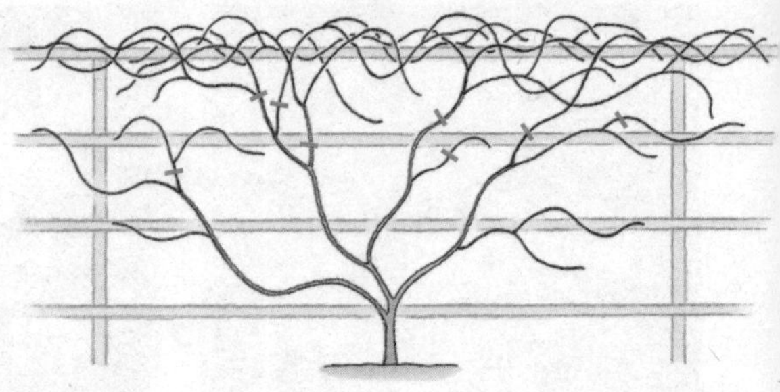

因为不能进行平常的整枝修剪，所以要果断短截植物到原来高度的一半，对它重新造型。从修剪处长出的树枝要在 5—6 月稍微短截，这样可以使它多分枝几次且均匀铺展开，也可以增加开花数量。另外，短截还会促使藤蔓下部萌芽。

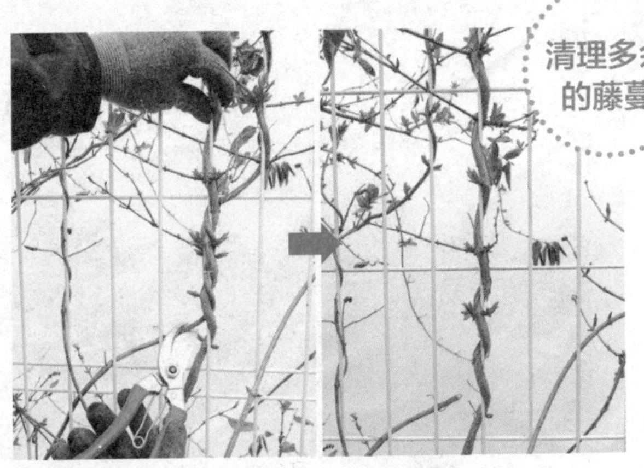


**2** 把 2 条以上缠绕在一起的藤蔓剪到只剩 1 条。

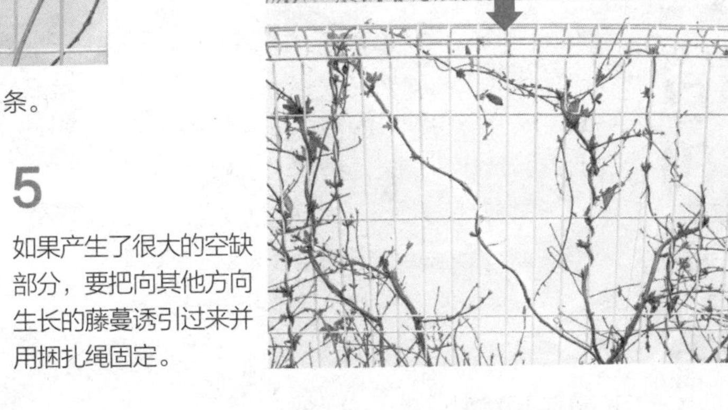


**5**

如果产生了很大的空缺部分，要把向其他方向生长的藤蔓诱引过来并用捆扎绳固定。

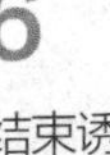

生长下去会和其他藤蔓重叠的蔓

**3** 生长下去会和其他藤蔓重合的蔓，要将其从根部剪掉。

**6**

结束诱引后对藤蔓进行整理，把向前方凸出的藤蔓截短。要在芽的前方剪去藤蔓。

**4** 把其他过长藤蔓截短。

使藤蔓呈扇状布满在围墙上。疏剪藤蔓到你认为剩得有些少的程度，这样到开花时就能长得刚刚好了。

基本型修剪

疏剪　短截　整枝

# 棚架式造型的修剪

## （例：紫藤　修剪适期：12月至次年3月）

对棚架式造型中最常见的紫藤进行修剪时，要边区分形成花芽的树枝边进行修剪。紫藤的花芽是在7—8月上旬形成的，到实施修剪的落叶期，已经完全可以看出哪些是花芽了。藤蔓分为长蔓（长枝）和短蔓（短枝）两种，因为花芽多形成在短枝上，所以修剪的技巧是剪去长蔓、留下短蔓。这样的修剪既不会让花的数量减少，又可以让整个棚架变得清爽整洁，一根根藤蔓都得到很好的光照，下一年的开花量会继续增加。

藤蔓随意生长的紫藤棚架。去年的冬天几乎没经过任何修剪。

### 长枝和短枝

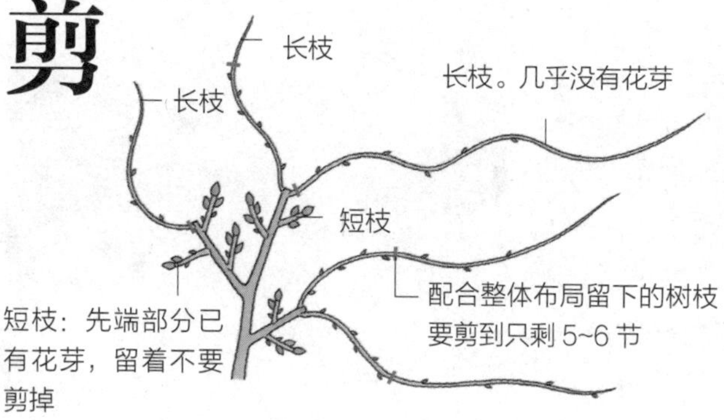


### 花谢后的修剪

当修剪对象是紫藤时，如果在5月花谢后进行强度修剪，之后长出的树枝几乎都会变成长枝，下一年可能会无法开花。花谢后的修剪进行到疏剪拥挤部分的程度就可以了，而以调整树形为主的修剪最好在能够看清树枝状态的落叶期进行。

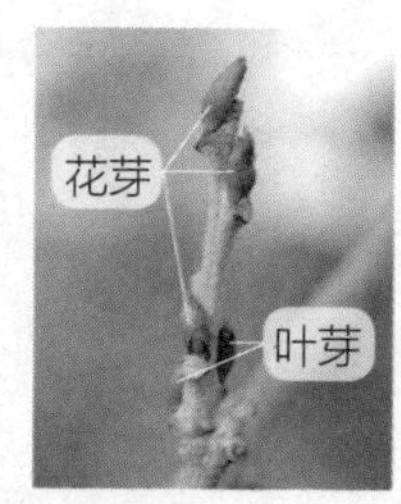


短枝。虽然不好区分，但已经鼓得圆圆的花芽正在发育。

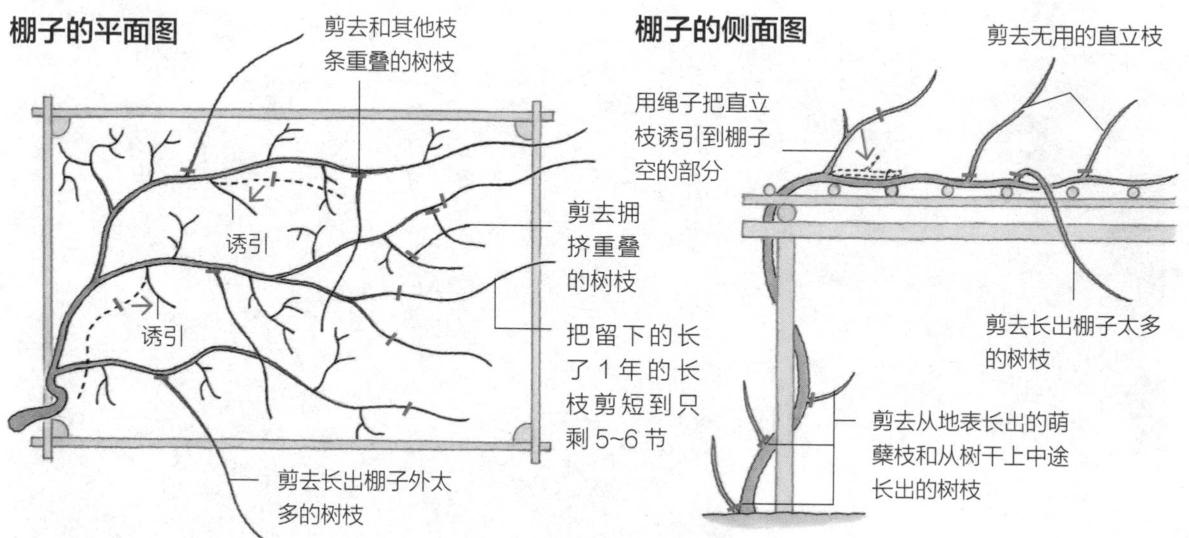

## 首先剪去无用枝

**1** 剪去缠绕的藤蔓（左图）、萌蘖枝和从树干中途长出的树枝（右图）。

**2** 修剪长得太长甚至伸出棚架的无用枝、重叠的部分和拥挤的部分等。

**3** 从根部剪掉在棚子上立起来的树枝，但如果要向棚子空的部分诱引的话，要把树枝修剪到只剩5~6节。

## 让树枝分布到棚架上

**4** 诱引树枝使其均匀分布在棚架上，进行捆扎的同时，剪去无用枝、剪短长枝来调整造型。

**5** 布置树枝的时候，把可以留下的长枝剪短到只剩5~6节，这样新枝就不会徒长，更容易变成短枝。

**修剪后**

因为修剪时留下了花芽，到春天就可以欣赏到在干净整洁的棚架上开出的花了。为了整体的平衡，留下棚子左侧凸起的树枝。另外，从树干上长出的主枝伸展到了棚架中央位置附近，虽然从布局上来看它是多余的，但是为了保持树的长势，这次就勉强留下它吧。

疏剪 短截 整枝

# 直立式造型的修剪

## （例：凌霄花　修剪适期：3月）

这种造型方法是每年短截顶部的树枝，再把新长出的树枝塑形并维持成伞形。

顶部树枝短截的位置要确保在上一年的树枝被修剪后2~3节的地方。因为这样能留下很多芽，所以降低了树枝干枯无法萌芽的风险，新长出的树枝数量会增加，整体体积也能变大。

虽然树干在生长中途分为2根，但可以让它们就这样长着。

**1** 如果有萌蘖枝、从树干上中途长出的树枝，就要把它们从根部剪去（以另一棵树为例）。

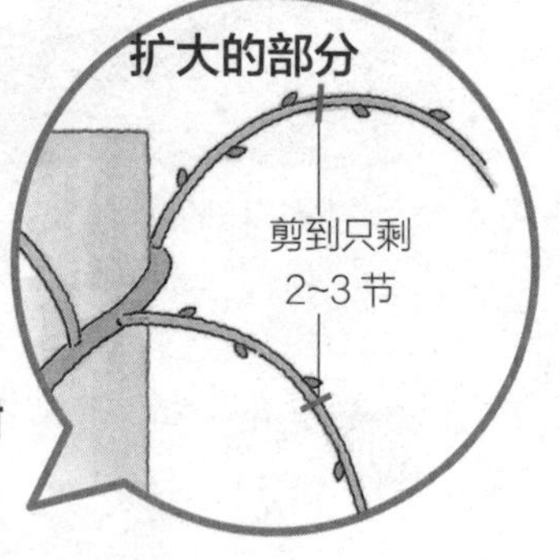


**直立式造型的树姿和修剪位置**

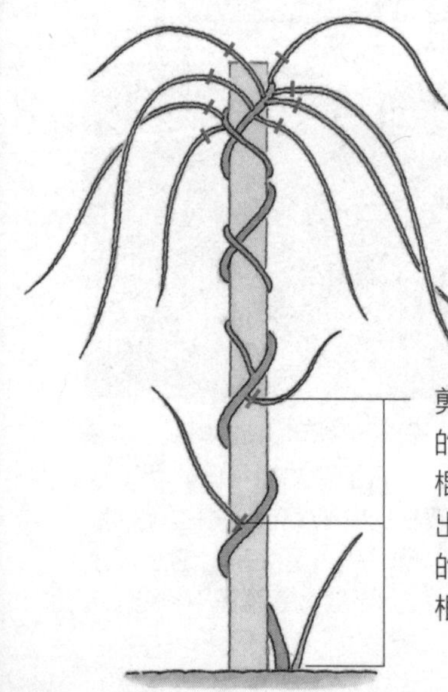

剪去从地表长出的萌蘖枝。由于棍子中间部分长出的树枝是多余的，也要将其从根部剪掉

**2** 从根部剪去交叉枝（和其他树枝交叉的树枝）、内向枝（向反方向生长的树枝）等无用枝。

**3** 把顶部的树枝修剪到只剩 2~3 节。

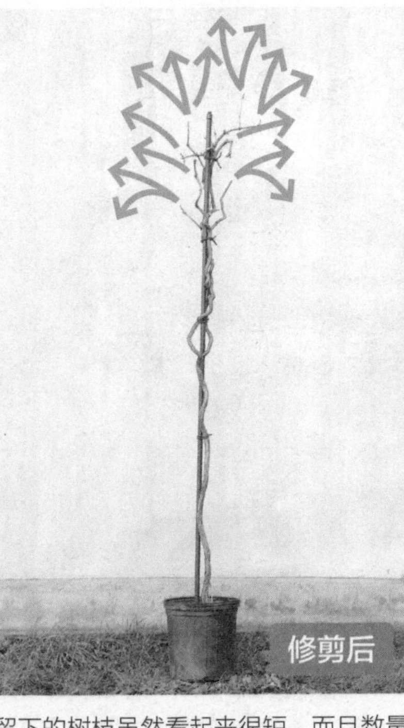


留下的树枝虽然看起来很短，而且数量也少，但到了春天每根树枝都会长出多条藤蔓，体积也会增加。

垂悬式造型的凌霄花开满了花。

## 藤本植物是如何攀爬的？是缠绕，还是吸附？

据说藤本植物为了在森林里获得阳光才进化出了这种形态。在森林中为了获得大量阳光，植物必须比其他树长得更高、叶子更大。但是藤本植物要缠绕在其他植物上，为了使树干变粗而把必需的能量都用于树枝的生长上，并且可以迅速获得阳光。虽然利用其他植物有一些狡猾，但这也是在这场生存竞赛中活下去的智慧。

藤本植物的攀附方式有很多种类型。最普通的藤本植物的攀附方式就是藤蔓的先端不断旋转环绕，而这种类型又分成左旋缠绕和右旋缠绕。虽然环绕的方向是由其种类决定的，但令人惊讶的是不同的科和属，其环绕方式也不尽相同，非常散乱。如果下次看到藤蔓植物，可以观察一下它是右旋缠绕还是左旋缠绕，还是互相缠绕，这会很有趣。

### ●藤本植物的类型

- 藤蔓先端不断旋转环绕生长，有紫藤、金银花、金钩吻等。
- 用吸盘状的根或细小的根等吸附他物向上攀登，有凌霄花、菱叶常春藤等。
- 通过枝、叶等变形而成的卷须缠绕攀附，如紫葛。
- 只是延长树枝，在别的植物上生长，如野蔷薇。

金银花的藤蔓是缠绕生长的类型，缠绕的方向是左旋缠绕。

专栏 4

## 树和草的区别

树（木本植物）和草（草本植物）到底哪里不同呢？可能一般的回答是“这岂不是一看就明白了。长得高的是树，矮的是草”。如果是这样，那么蔷薇和牡丹应该怎样分类呢？那高约 5 m 的帝王大丽花呢？可能你会对它们到底是树还是草感到疑惑。

树有长了很多年的骨架，也就是树干和树枝。与不断生长变大的树相比，草是没有这种长了数年之久的树干的。虽然会有长了很多年的草，但是长出的茎会在冬天或夏天枯萎，每年都会从根部长出新芽进行更新。树的树干和树枝一般不会枯死，原有的树枝会发芽，而芽在下一年会长成新的树枝，这样树就能一年年地长大了。

树的另外一个特征是树干会变粗。在树干内部、树皮下方有环状排列的形成层（参考 121 页）结构，细胞会进行大量分裂。在形成层中新产生的细胞主要在树干内层存储。形成层在横向分裂细胞的同时也在向外扩展圆环，不断变大。这样树干就会每年变粗，因此能够继续支撑变大的树体。藤本植物虽然自身没有可以直立生长的树干，但紫藤等藤本植物的树枝也可以逐年变粗。

但是在“树木有生长多年且不断变粗的树干和树枝”这个定义下也会有若干例外。比如说竹子和椰子。它们都是多年生植物，但是由于竹子没有形成层，所以一旦生长过一次之后，无论过去多少年它都不会变粗。另外，椰子的形成层不是环状的，而是分散在树干内部，所以不会像其他树木那样持续变粗。竹子和椰子属于单子叶植物类型，虽然它们的祖先已经朝着草的形态进化了，但是在后来的进化过程中却再次进化成树，所以它们的构造和树与草都不太一样。

**虽然很高，但却是草**

虽然帝王大丽花长得比屋顶还要高，但它不是树而是草。茎在冬天枯萎。

**长得像树的牡丹**

树龄有 200 年的牡丹。年轻时看起来是草的牡丹，实际上是好看的“树”。

# 第 8 章

# 了解这棵树

# 各类型树木的修剪适期不同的原因

为什么落叶树和常绿树等不同的树在修剪适期上有差别呢？这是树体构造不同造成的。

## 养分储存充足的休眠期是落叶树的修剪适期

对落叶树而言，所有树叶都落下的冬天才是修剪适期。因为落叶树有为跨越寒冬而休眠的身体机制。新梢在春天长出，在初夏生长结束。再从初夏到秋天，树叶孜孜不倦地进行光合作用积聚养分（淀粉）。把大量养分储存在体内的树，在树叶落下的晚秋时节进入休眠。在休眠时树液停止流动，即便树枝因修剪变少，树木也储存了充足的养分，所以它的生长活力并不会因此减弱。也是因为这个原因，即使剪掉粗枝树也是安全的。

但是一定要注意，也有像槭树那样在萌芽之前早就苏醒的树木。虽然乍一看像是在休眠，但其实树液已经旺盛地活动起来了，如果进行修剪就会导致大量树液流出。槭树的休眠期很短，从秋天树叶变色起立刻进入休眠，此后大概 1 个月就会苏醒。

变成红叶的槭树。槭树已经进入休眠，日本有些地区的槭树在日本新年之际就会苏醒。因此树叶掉落之后要立刻进行修剪，修剪最迟也要在当年内进行。

## 光合作用旺盛的时期是常绿树的修剪适期

对常绿树而言，不会存在树叶一齐掉落然后休眠的情况。常绿树的生长习性本来就是适合温暖的地区，一年中都会有树叶进行光合作用来制造必要养分。因为常绿树体内没有储存大量养分的组织，所以为了制造养分，它在冬天也需要一定量的树叶。因此如果在晚秋或冬天剪掉太多的树叶，就会导致常绿树无法度过寒冬。冬天修剪常绿树会造成树感冒的原因就是这个。常绿树的修剪要在光合作用旺盛的时候进行，即使剪去树叶也可以快速恢复体力。比如在 3—4 月上旬、6—7 月上旬，以及 9 月（寒冷地区除外）比较适合修剪。

有规律地交替排列种植树叶颜色不同的两种针叶树。在每年萌芽前进行修剪，就可以一直保持这种生长秩序。

## 抽芽前的春天是针叶树的修剪适期

那么同样是全年都有叶的针叶树会怎么样呢？适应高山、高纬度地区（如北欧、俄罗斯等）的针叶树有着坚硬纤细的树叶和极度抗寒耐干燥的构造。但是因为针叶树不休眠，所以不要在冬天修剪，而由于针叶树在炎热的夏天不会长出新芽的特点，也不适合在初夏修剪。冬天结束到春天萌芽前（3—4 月）才是最安全的修剪适期。

## 任何树种都不能在新芽生长期和盛夏修剪

所有树种的共同点就是不能在新芽生长的时期和盛夏进行修剪。因为芽在生长时需要非常多的水分和养分。在这个时期会耗尽储存的养分，难有剩余，所以在这时修剪会导致树木变弱。

另外在盛夏，树叶形成的阴影会遮挡强烈的阳光保护树干。如果在这个时期进行修剪会使阳光直射到树干，有发生日灼（树表浅层组织受伤）的危险，所以修剪要避开盛夏。

## 感谢可以栽培各种树木的日本气候

从这样的修剪适期的差别就可以窥探出落叶树、常绿树、针叶树原本适合的区域和它们本身的特性。本来适合于不同气候的树木们却在同一个庭院中共存，使我们欣赏到多种多样的园艺造型，这也是多亏了日本有比较温暖的四季和适量的降水啊。

# 不同树种自然树形也不同的原因

## 光照条件造成针叶树和阔叶树树形不同

树木有自己固有的自然树形。为什么形成了不同的树形呢？这与原产地的光照条件、抽芽方式、长出枝条的方式等主要因素有关。

光照条件是使针叶树和阔叶树属性不同的主要原因。针叶树圆锥形的细长树形、阔叶树叶片宽大的卵形树形和上部展开的杯形树形等，都是为适应发育地区的太阳高度角而形成的。针叶树细长的圆锥形树形，其侧面面积与上部面积相比较大，能够适应高纬度地区射入角度较低的太阳光线，而且这种树形也有利于防止积雪压折树枝。另外，较宽的卵形、杯形落叶树树形上部面积很大，适合高效率接受从高角度射入的阳光。

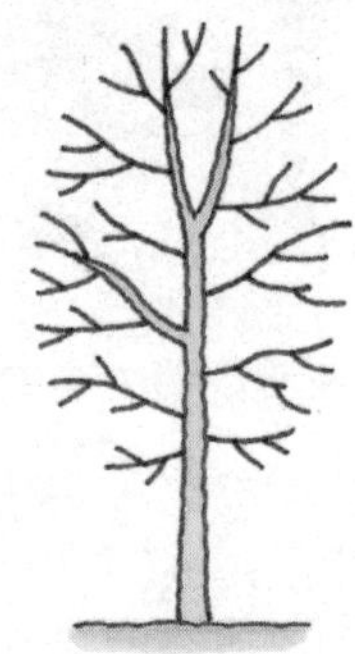

即便不修剪也可以自然地变成这种形状哦。

辛夷。有 1 根直立的树干，长成卵形树形。

德国云杉。针叶树的特点是具有细长的圆锥形树形。

## 芽的形成方式不同也会造成树形的不同

各种各样的自然树形，都是随着芽的形成方式和树枝生长方式不同而累积形成的。芽的形成方式与顶芽、侧芽的数量和强弱有关系。顶芽是位于树枝先端的芽，通常这里可以长出生长力很强的芽。比如一棵树有 1 个旺盛生长的顶芽，它就可以长出笔直挺立的树干，继续生长下去会形成圆锥形或卵形的树形。像槭树这样有 2 个顶芽的树，还有像榉树一样 1 个旺盛生长的顶芽都没有、靠近先端的侧芽生长旺盛的树，树枝就会分成“Y”形生长，逐渐变成杯形。另外，如果新梢很柔软纤细，生长时就会弯曲下垂，变成横向生长的垂枝型树形。

各树种的树枝生长方式、角度和规律都因树种不同而有差异，固有的树形也和这些因素有关系。

自然树形是这个树种天生就会成为的形状，因此边想象这个形状边进行修剪，就不易长出杂乱的树枝，之后的修剪也不会太费力。

槭树。成为有 1 根树干、树枝展开的杯形。

### ●芽的不同形成方式下树枝的生长方法

**有 1 个旺盛生长的顶芽**

形成圆锥形、卵形的树形。

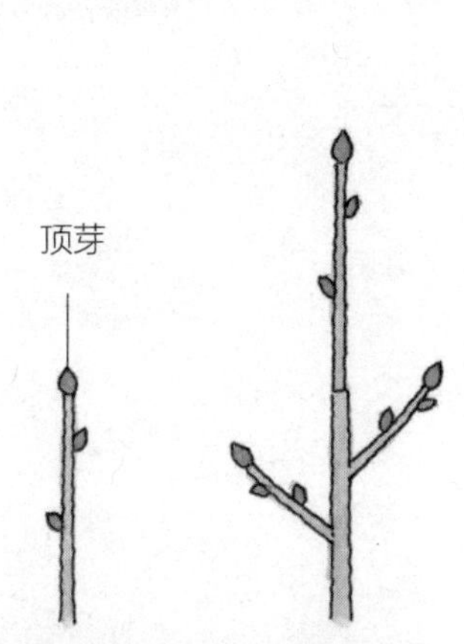


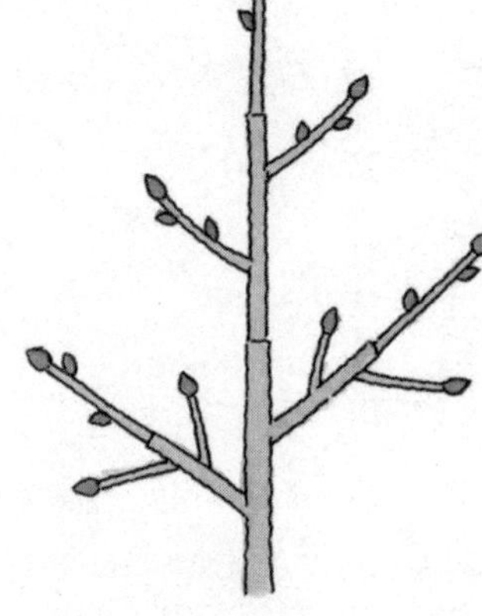


**有 2 个顶芽**

形成杯形、垂枝型的树形。

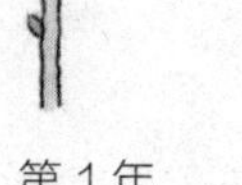

榉树。有1根直立的树干，上部树枝呈放射状展开变成杯形（扫帚形）。

连香树。幼树时是直立的树形。

垂枝樱。树枝纤细柔韧，弯曲下垂成垂枝型。通常只有 1 根树干，但是也有老树有 3 根以上的树干。

天然森林里有各种各样的树木，在和其他树木竞争生长的同时形成独特的自然树形。

红松的树林。从下面仰视可以清楚看到内层干枯的树枝，以及只有上部才有树叶。

## 是阳光在“修剪”森林里的树木吗？

对于在空间受限的庭院里种下的庭院树木，为了调整树形而进行的修剪是必不可少的。那么自然界中的森林又是怎样生长的呢？

在森林中，由于从上面射入的阳光被枝叶挡住了，所以树下部和内侧的光照就比较弱。在树木生长过程中，也会长出内向枝、下垂枝、平行枝、过密枝等树枝。这些向树木内侧伸展、枝条间距较近而背光的枝条会无法忍受黑暗而慢慢干枯。另外，和旁边的树重叠的枝条也会枯萎并最终掉落，慢慢地只剩下向外侧伸展的枝条。

像红松这样非常喜光的树种，这种倾向就更加明显了。因为光照不足容易导致树枝枯萎，所以在森林里，红松形成了只在上部和枝条先端长有树叶的独特树形。另外在河流、湖泊附近，红松为了照到水面反射的光线，于是伸长树枝形成了流枝松的树形。这些都是顺应光照改变造型的例子。

### 幼树不断向上生长的原因

在自然的森林里，很多树木为了生存下去正在进行竞争，而能否获得日光则是胜败与否的关键。因此树木有着为了获得阳光而不断向上生长的特质。尤其是落叶树的幼树，为了尽早获得阳光使得向上生长的能力旺盛，变成瘦弱细长的树形。随着树木成年，其向上生长的速度放慢，开始逐渐横向扩展。我们通常认为这是因为树木一旦比其他树长得更高，就开始横向扩展树枝来独占阳光的性质所造成的。

即便是园艺品种的庭院树木也继承了很久以前在自然界中形成的特性，所以变成了这样的生长方式。

樱花（染井吉野樱）。旺盛生长的幼树向上生长细枝（上图），但是成年树木的树枝则会横向伸展，变成威严稳重的形态。

## 预测树枝如何生长

当你对树木的性质十分了解之后，就可以预测树枝是怎么样生长的了。你会不再只判断如何修剪现在的树枝，而是在这之前就看出哪些树枝以后很可能会影响树形，并把它们修剪掉。

## 观察树枝的角度和粗细<br>确定修剪对象

树枝的角度、粗细和它之后的生长强度有着密切的联系。根部提供的水分和树叶创造的养分是通过树干输送到各个树枝的。就像河的干流和支流一样，与树干形成的角度越小的树枝和越粗的树枝，从树干流向它们的水分和养分也就越多，劲头也越足。

也就是说，将来直立的树枝和粗枝会有很大的可能性长出破坏树形的强枝。在疏剪平行枝、徒长枝等无用枝，以及拥挤的树枝时，要优先疏剪掉直立生长的树枝和粗枝。

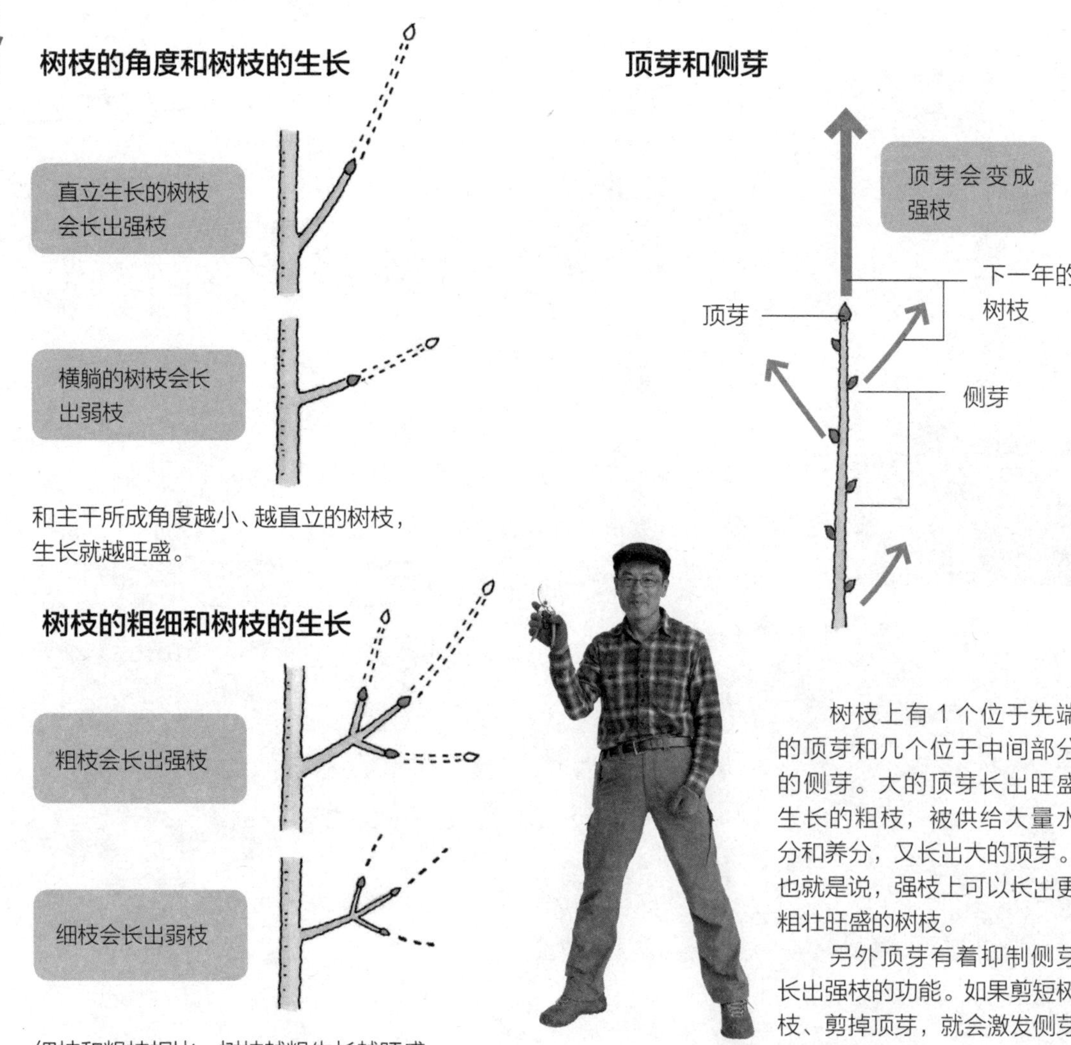


和主干所成角度越小、越直立的树枝，生长就越旺盛。

细枝和粗枝相比，树枝越粗生长越旺盛。

树枝上有1个位于先端的顶芽和几个位于中间部分的侧芽。大的顶芽长出旺盛生长的粗枝，被供给大量水分和养分，又长出大的顶芽。也就是说，强枝上可以长出更粗壮旺盛的树枝。

另外顶芽有着抑制侧芽长出强枝的功能。如果剪短树枝、剪掉顶芽，就会激发侧芽长出多根树枝。

## 观察芽的形成方式<br>确定短截的位置

树木的芽是树枝开始生长、树形开始形成的起点，随着芽生长的位置和生长角度的不同，生长出的树枝也有很大区别。这是因为为了获得更多的阳光，在自然界的生存竞争中取胜，向上生长的芽有着受生长激素强烈影响的构造。

根据修剪之后成为先端的芽的情况的不同，之后树枝的生长方向和强度也是不一样的。尤其是短截的时候一定要注意这一点。

如果熟知这种树木的性质，就可以预测树枝的生长方向，边思考“树枝是不是会向这边伸展呢”之类的问题边进行修剪。这样你就是修剪的高手了。修剪就是“通过剪刀与庭院树木的对话”。希望你可以边倾听树木的声音，边温柔地进行修剪。

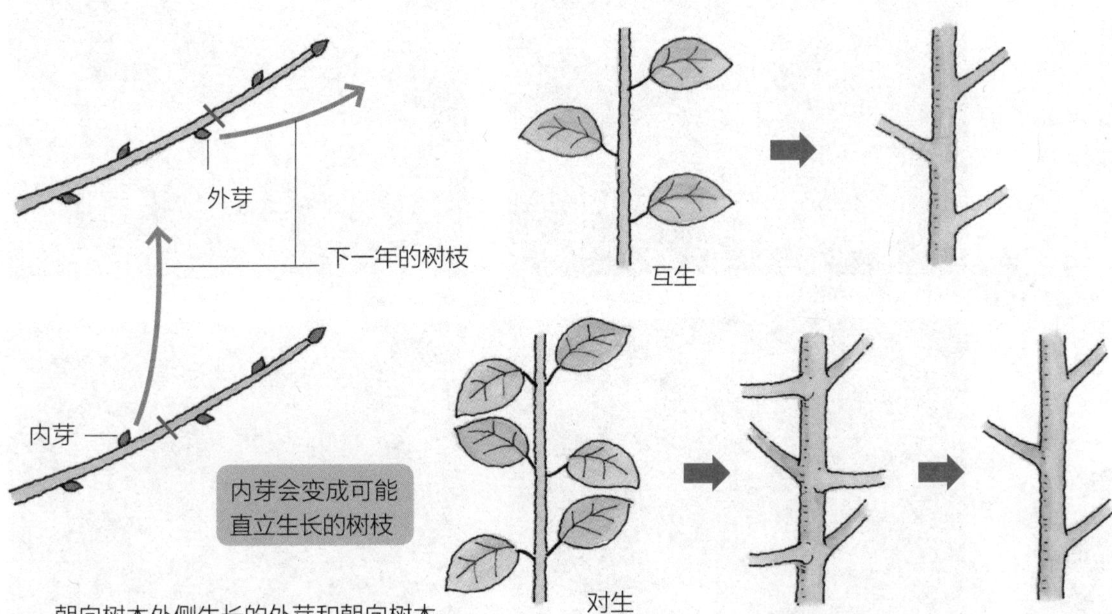


朝向树木外侧生长的外芽和朝向树木内侧的内芽性质是不同的，根据修剪到不同的芽的位置，树枝也会长得不一样。

内芽是向上生长、生长力很强的芽，如果短截树枝时剪到内芽的前方，直立枝、徒长枝、内向枝等无用枝就会容易长出来。

外芽是横躺着的、生长力很弱的芽。如果修剪到外芽的前方，就会长出向外生长、较为温和的树枝。

剪成交错的样子就舒服多了。

随着树的生长侧枝变粗，看起来像是贯穿树干一样，非常不自然。

芽形成的方式分为左右交错的互生和左右对称的对生。对生容易使树枝拥挤，另外随着侧枝变粗，会变成贯穿树干的样貌，看起来很不舒服。这时把侧枝疏剪成互相交错的状态，就会给人舒畅、自然的感觉。

# 实际疏剪

## 疏剪到哪个程度合适？

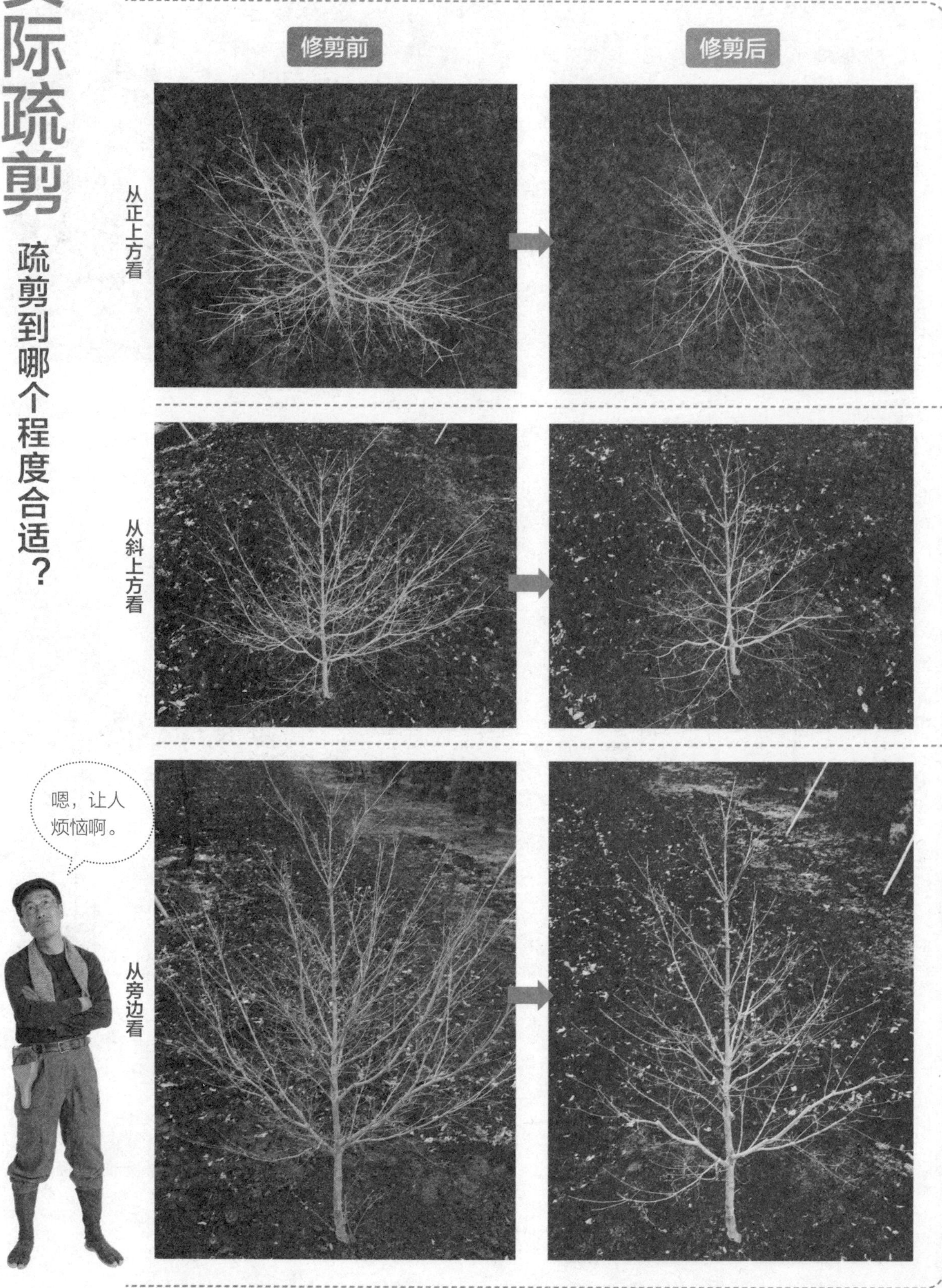

## 疏剪到可以从树枝缝隙看到对面的程度

疏剪是让树枝有所间隔的修剪作业，但实际上要疏剪到什么程度好呢？让我们来看一下这一株狭叶四照花，不仅仅从旁边看，还要从斜上方和正上方观察。

树心的高度和整体轮廓的大小没有发生大幅度变化，但是因为疏剪后树枝变少，可以透过树枝缝隙看到对面，有一种舒畅轻快的感觉。用以枝换枝的方式修剪凸出的树枝后，整棵树看起来很纤细。疏剪进行到这种程度就可以了。

## 决定树枝去留时的要点

用以枝换枝的方式疏剪树枝时，关于应该剪去什么树枝、留下什么树枝，请参考下图。即便是没有 1 根笔直树干的杯形树形，修剪的要点也是共通的。疏剪时留下从树干到树枝先端线条顺畅的树枝。

疏剪时首先要剪去粗壮的无用枝，然后清理拥挤杂乱部分，再对细枝进行修剪。

### 在不知是否修剪的迷茫时刻

有时我们会困扰于“虽然看起来是无用枝，但是剪掉后会让树表凹下去一个洞”。这种情况不用非要剪掉树枝，可以等下一年再进行判断。也可能下一年树枝状态发生变化，留下的树枝无法按预想的情况生长。不要死板地拿着理论去套，要根据每个时期的树枝状态灵活地制定修剪方针。这就是疏剪的好处。

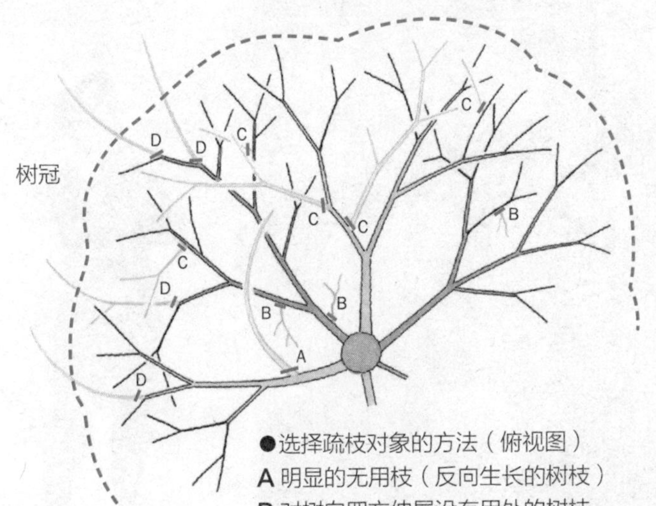


●选择疏枝对象的方法（俯视图）
A 明显的无用枝（反向生长的树枝）
B 对树向四方伸展没有用处的树枝
C 同一平面位置相同、上下重叠的树枝
D 凸出树冠的轮廓线的树枝

迷茫时也不用非要剪掉

# 伤口愈合处理

## 使树木腐烂的细菌会从剪口侵入

修剪对树而言就像是动手术一样。手术时一定要防止细菌从伤口进入，把体力的衰弱控制在最小范围内也是很重要的。

修剪树木也是一样的，需要防止使树木腐烂的细菌（腐朽菌）从剪口侵入，选择不会影响树木长势的时期进行修剪。

## 入侵细菌扩散导致树木枯死

如果树木被腐朽菌侵入会怎么样呢？很多腐朽菌都是蘑菇的同类。虽然真菌的孢子在空中飘浮着，但健全的树木是不会被腐朽菌侵入的。当树木变弱、抵抗力下降的时候，腐朽菌就会从虫子咬食的伤口或修剪留下的剪口进入树木，通过运输水分和营养的管道（参考 121 页）扩散，使其他树干和树枝逐渐干枯。严重的情况下会造成树木整体枯死。

谨记三点以防树木受伤（参考 10 页），把对树木的伤害降到最低。

变成这样真是
太可怜了！

从剪口到树干都枯死的连香树。因为没有正确修剪树干，伤口无法痊愈，腐朽菌入侵树体导致干枯部分扩大。

## 愈合组织形成后剪口愈合

让修剪后的切口尽快愈合并防止腐朽菌侵入很重要。

切口的治疗指的是，通过上部树叶制造并搬运的养分来形成愈合组织（覆盖伤口的组织）。在树枝、树干里都有运送水分和养分的管道（导管、筛管），它们沿树皮内层呈环状分布（参考右图）。等愈合组织覆盖剪口处露出的管道切口，创口就能完全愈合，腐朽菌也就无法侵入了。

**●树枝和树干内部的构造**

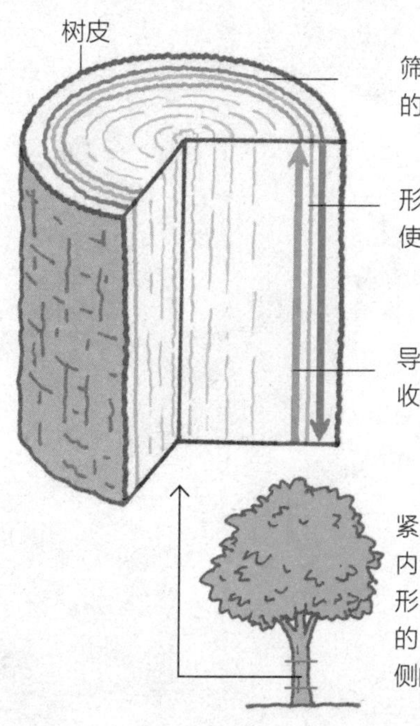


### 愈合组织没有包围伤口

失败！

树木的剪口无法愈合，腐朽菌入侵后长出蘑菇的榉树。干枯部分慢慢向下扩张，终于连树干也被侵入了。为什么愈合组织没有包围伤口呢？请参考下一页。

### 愈合组织包围了剪口

成功！

愈合组织

榉树的粗枝的剪口已经被愈合组织漂亮地包围成环状。导管和筛管的切口被堵住，再也不用担心腐朽菌入侵，可以放心了。

树枝不要留得太长，要从根部整齐剪下。如果留得太长，养分就无法运送到树枝先端，导致切口处不能形成愈合组织。从根部将树枝剪掉能够让养分顺利运送到剪口周边，不久剪口就能形成愈合组织了。

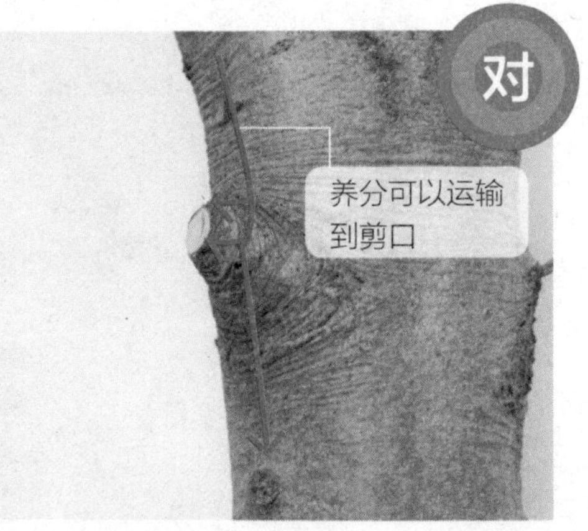


## 从根部修剪容易愈合

修剪时从根部剪掉树枝。因为剪口周边养分可以顺畅运输，容易短时间内形成愈合组织。另外，如果短截时留下的树枝过长，养分就无法顺利流入树枝，树木无法自己堵住树枝先端的剪口。如果剪口一直无法愈合，腐朽菌入侵并通过导管和筛管扩散的风险就会变高。

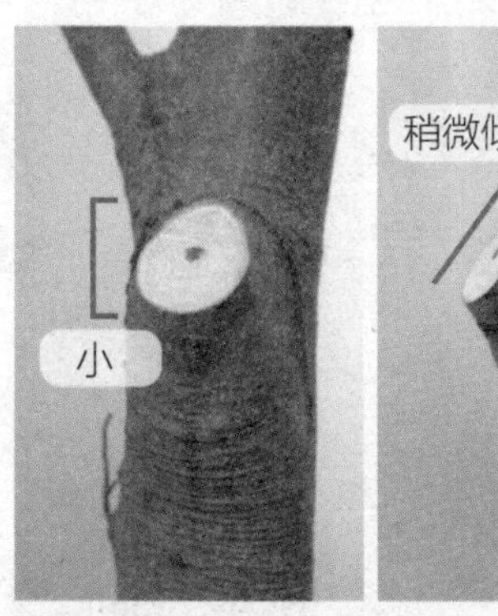


从根部将粗枝剪去，修剪角度相对于树干稍微倾斜。这样会比垂直修剪造成的剪口要小，上部树叶产生的养分也可以顺利地到达剪口，很快就能愈合。

## 修剪粗枝时要特别注意

修剪粗枝时尤其要注意，一定要确保它可以愈合。树枝裂开会非常不利于剪口的愈合。另外也要注意修剪的角度。剪口的面积不要太大，为了剪口能够愈合，修剪角度要能使养分顺畅运输。

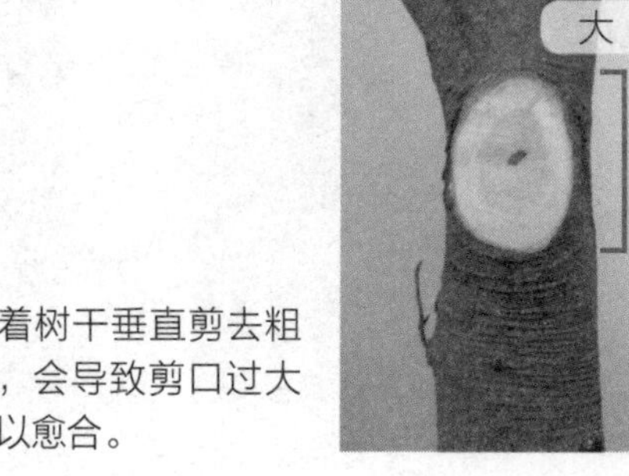


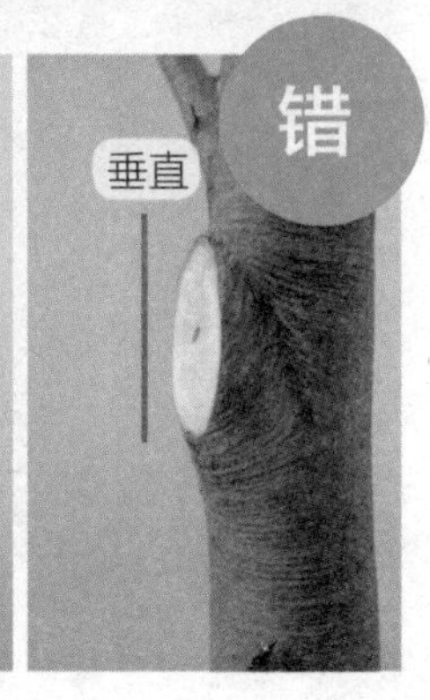


靠着树干垂直剪去粗枝，会导致剪口过大难以愈合。

## 使用愈合剂防止腐朽菌侵入

在修剪形成的剪口处涂抹愈合剂（保护剂），这对防止腐朽菌入侵很有效果。尤其是用锯修剪出的大剪口，一定要涂上愈合剂。但是愈合剂的效力只能持续3个月到半年，所以只能作为在树木完全愈合之前的辅助工具。

因修剪方法不同造成的成功案例与失败案例

### 树枝不能留得太长

因修剪时树枝留得太长导致愈合组织无法包围切口，导致干枯蔓延到周围。可能一阵强风就会把它从这里吹断。树种是槭树（鸡爪槭）。

### 注意修剪角度

左下的剪口全都形成了愈合组织，但右上的剪口外侧却没有形成愈合组织。如果和左下的剪口一样修剪时稍微倾斜一点，右上的剪口应该也会形成整齐的愈合组织。这里的树种是榉树。

### 修剪樱花是愚蠢的行为吗?

人们常说“不能修剪樱花”，这是因为樱花的剪口处很容易腐烂。在修剪适期的12月进行修剪、保持每年进行修剪时可以不用修剪粗枝的状态，以及一定要在剪口处涂抹愈合剂防止腐朽菌入侵，如果可以做到上面这3件事，就算进行修剪也是没问题的。

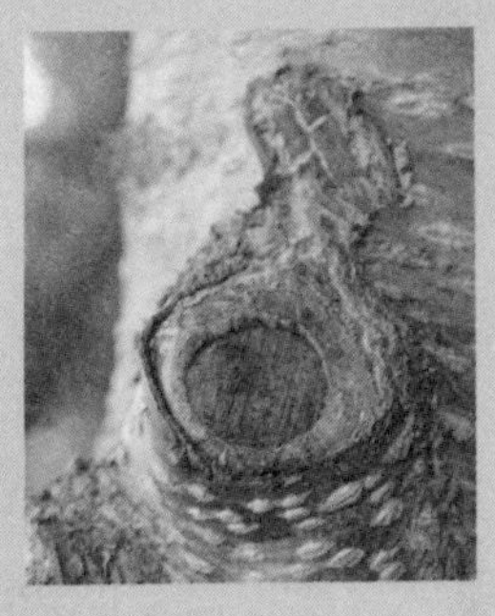

樱花树枝的剪口。因为是在适期修剪的，而且涂上了愈合剂，周围的愈合组织已经包裹了剪口。

原来是这样啊

### 必须让养分顺畅流通

只有一半的剪口形成愈合组织的樱花。这是由于左侧树干的阻碍，修剪时内侧的树枝留得比较长而造成的。

# 边修剪边寻找病虫害

正确修剪能使树木内侧透过阳光和风，会起到抑制病虫害发生的作用。另外，在修剪时会贴近树木进行观察，所以可能会发现之前没有注意到的病虫害。一旦发现要立刻处理以保卫树木的健康。

## 树枝上粘着发白的东西

白色物体是蚧壳虫。它的排泄物会引发煤污病。因为药剂很难对蚧壳虫有效果，所以要用钢丝刷仔细地把它们刷掉。

附在紫薇的粗枝上的紫薇绒蚧。壳长约3 mm，这里多是已经蜕下的壳。

用钢丝刷仔细把它们刷掉（左图）。尤其是树枝根部要特别仔细地去刷。刷完后的树枝（右图）。

修剪时如果觉得看起来有点奇怪，这时观察范围要扩大到周边。

附在珍珠花上的日本龟蜡蚧（日本蜡蚧）。直径3 mm~4 mm。

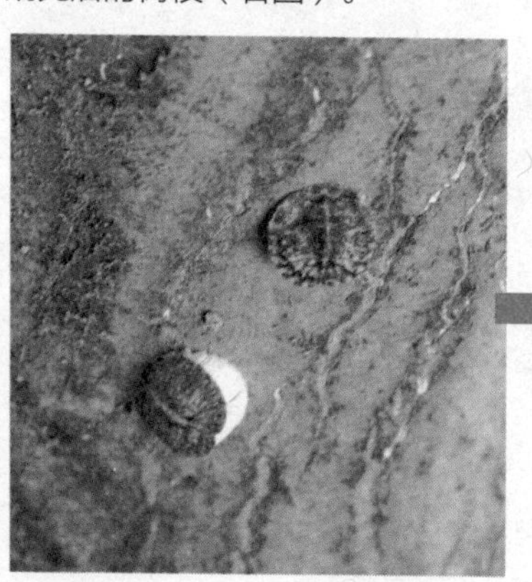

附在槭树上的枫绵蜡蚧（左图）。壳长约8 mm。用剪掉的树枝把它们碾碎（右图）。

## 树干中部、树木根部产生木屑

这是蛀木虫、木蠹蛾、天牛等幼虫在咬食树干内部。从洞口注入药剂驱除害虫。

白桦根部产生的木屑。其原因是天牛幼虫（锯树郎）的侵蚀。

从箭头指示的洞中产生大量木屑的榉树。应是蛀木虫侵蚀所致。

## 从树干流出树液

由于苹果透翅蛾幼虫侵蚀树干，树液流出。尤其是樱花经常生出这种害虫。在夏天，刚刚孵化出没多久的幼虫还在树皮下浅层的位置。用硬棒用力挤压流出树液的周边部分，就可以把虫子压死。

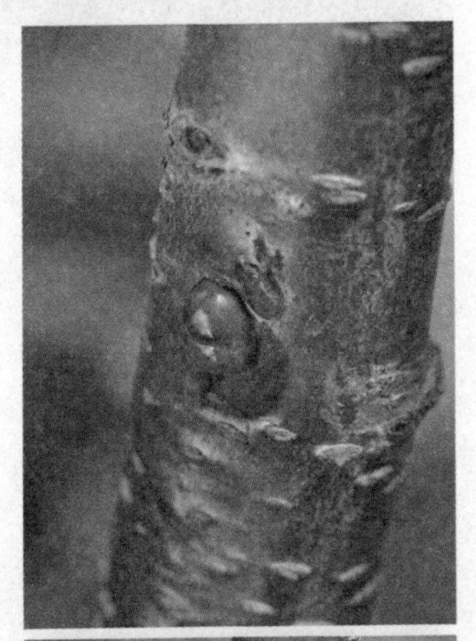

被苹果透翅蛾的幼虫侵蚀，流出树脂的樱花（染井吉野）幼树树干（上图）。可以用坚硬的木棒或石头用力挤压树皮，把害虫压死。

## 悬挂的“蓑衣”

这是蓑蛾。通常叫作结草虫，听着还别有风情，但是一旦多了，就会把树叶都吃掉，让树木变得光秃秃的。如果冬天留下了越冬的“蓑衣”，到了次年初夏就会从里面生出大量幼虫使虫害升级。因此在冬天修剪的时候如果看到它们就摘下处理掉吧。

大花四照花的树枝上垂下的大蓑蛾的“蓑衣”。在有树叶的时候很难发现它们，而幼虫会咬食树叶不断成长，直到 10 月开始在“蓑衣”里过冬。

## 树叶好像被吹了白色粉末一样

这是白粉病。从晚春到初夏，树叶的表面附上了像被吹了白色粉末一样的斑点，如果放置不管会蔓延到所有树叶上。请喷洒相对应的药剂。树叶过度茂密，光照和通风变差会容易发生此病害，通过疏枝来预防会很有效果。

生了白粉病的小叶青冈。虽然这种病没有导致树木枯死，但是要在情况恶化前喷洒药剂。

## 树枝变黑

煤污病暴发。这是由于蚜虫、蚧壳虫等害虫的排泄物使霉菌大量繁殖所致，首先应该进行蚜虫、蚧壳虫的防治。

大花四照花。夏天暴发了煤污病，即便到了冬天树枝还是发黑。在细枝的根部仍有蚧壳虫附在上面。

### 有毒的毛毛虫、无毒的毛毛虫

在树木枝叶还茂盛的时期进行花后修剪之类的作业时，经常可以发现咬食树叶的毛毛虫。毛毛虫本身样子就不怎么可爱，而且人们还要小心不被它有毒的毛刺伤。

但是其毒可以引起炎症、伤口肿胀的毛毛虫，在所有毛毛虫中也只有茶毛虫等极少的几种，无需过度恐慌。

茶毛虫的幼虫咬食山茶的叶片。在叶片下部可以看到很多虫的排泄物。茶毛虫集体行动咬食叶片，放任不管的话，一段时间花木就会变成光秃秃的了。不仅仅要警惕幼虫，若接触到成虫有毒的毛，则会引起伤口肿胀。在山茶和茶梅的修剪适期 3 月，一定要注意虫卵，虫卵上还会覆盖成虫的毒毛。

天幕毛虫蛾的幼虫。天幕毛虫是在梅树上经常见到的毛虫，像蜘蛛一样结网，又叫梅毛虫，有少许毒素。常附着在松树上的马尾松毛虫是毒虫。

## 协助修剪的

# 树木图鉴

这一部分介绍了主要庭院树木的修剪要点。把树分类为落叶树、常绿树、针叶树、藤本植物。



## 图鉴的使用方法

分类基于恩格勒系统

以高 3 m 左右为分水岭划分高木和矮木

未经修剪时（在森林等自然环境中）的树高

作为庭院树木的修剪目标高度

修剪的必要性、频率等和它有关。尤其对生长迅速的树种进行定期修剪很重要

主要的观花树种分类为：花芽在去年长出的树枝上形成的“老枝开花”型和花芽在当年长出的树枝上形成的“新枝开花”型

### 丹桂

木樨科木樨属
常绿乔木
自然树高：6 m
目标树高：3 m
生长速度：稍快
开花习性：新枝开花
日照条件：向阳

把自然树形和人工树形分成几种常见的类型。修剪时请以此为大致目标调整树形

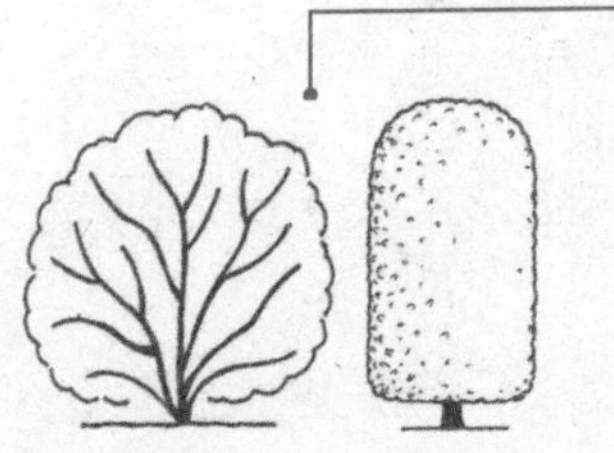

自然形成的树形　圆筒式造型

表示发育周期和修剪适期。修剪时间是以日本关东地区以西为基准的

| 月 | 1 | 2 | 3 | 4 | 5 | 6 | 7 | 8 | 9 | 10 | 11 | 12 |
|---|---|---|---|---|---|---|---|---|---|---|---|---|
| 发育状态 | 发育停滞 | | | | | | 发育 | | | | | 发育停滞 |
| | | | | | | | | 花芽分化 | 开花 | | | |
| 修剪 | | | 整枝 | | | | | | | | | |

**主要的修剪方法　整枝**

**参考 50 页**（常绿树的修剪）、**62 页**（花木的修剪）

主要使用的修剪方法（参考 12 页）

这页有修剪实例和可以参考的信息

# 落叶树

（上图）变色后的大红叶枫
（左下图）梅花“白难波”
（右下图）开满花的山茱萸

## 绣球花

绣球花科绣球属
落叶灌木
自然树高：1.5 m
目标树高：0.5 m~1 m
生长速度：稍慢
开花习性：老枝开花
日照条件：向阳、半日照

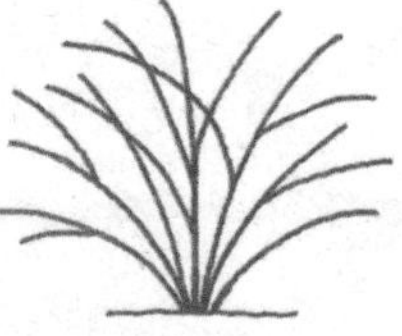

丛生灌木

| 月 | 1 | 2 | 3 | 4 | 5 | 6 | 7 | 8 | 9 | 10 | 11 | 12 |
|---|---|---|---|---|---|---|---|---|---|---|---|---|
| 发育状态 | 休眠 | 休眠 | 发长 | 发长 | 发长 | 发长 | 发长 | 发长 | 发长 | 发长 | 发长 | 休眠 |
| | | | | | | 开花 | 开花 | | 花芽分化 | 花芽分化 | | |
| 修剪 | | | | | | 疏剪、短截（花谢后） | 疏剪、短截（花谢后） | | | | | |

**主要的修剪方法** **疏剪** **短截**
**参考 63 页**（花木的修剪）

因为在秋天形成下一年的花芽，所以花一旦凋谢就要迅速在 2~3 节下进行短截。要注意修剪太晚会导致下一年无法开花。因为我们看到的花是无性花，一旦花向后仰就是在告诉我们花开完了。粗壮的老枝要从根部疏剪或在中途长出的芽上方短截。

**●可以用同样方法修剪的树种**

栎叶绣球。

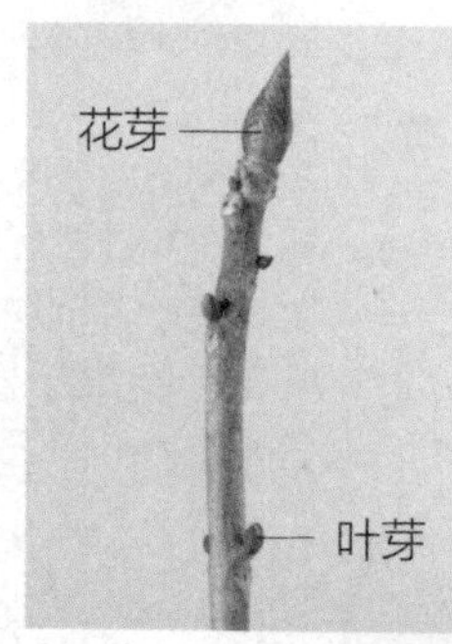


花芽已在树枝先端形成，如果在秋天之后修剪会无法开花。

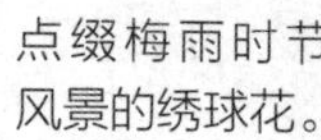

点缀梅雨时节风景的绣球花。

# 乔木绣球“贝拉安娜”

绣球花科绣球属
落叶灌木
自然树高：1.5 m
目标树高：1 m
生长速度：稍快
开花习性：新枝开花
日照条件：向阳

丛生灌木

| 月 | 1 | 2 | 3 | 4 | 5 | 6 | 7 | 8 | 9 | 10 | 11 | 12 |
|---|---|---|---|---|---|---|---|---|---|---|---|---|
| 发育状态 | 休眠 | | | | | | 生长 | | | | | 休眠 |
| | | | | | 开花 | | | | | | | |
| | | | | | | | 花芽分化 | | | | | |
| 修剪 | 短截 | | | | | | | | | | | 短截 |

**主要的修剪方法** **短截**
**参考 64 页**（花木的修剪）

和一般的绣球花不同的是，它的特点是新枝开花。春天长出的新枝前端结着花。以短截为基本修剪操作，在距地面 5 cm ~10 cm 位置短截细枝，在分枝点短截粗枝。因为会出现长大的花太重而压折茎的情况，所以最好在生长的茎之间架起支柱。在摘去开完后的花时，可以把整棵植株剪到原来一半的高度，这样就不会妨碍作业了。

# 溲疏（卯花）

绣球花科溲疏属
落叶灌木
自然树高：3 m
目标树高：2 m
生长速度：稍快
开花习性：老枝开花
日照条件：向阳

丛生灌木

| 月 | 1 | 2 | 3 | 4 | 5 | 6 | 7 | 8 | 9 | 10 | 11 | 12 |
|---|---|---|---|---|---|---|---|---|---|---|---|---|
| 发育状态 | 休眠 | | | | | | 生长 | | | | 休眠 | |
| | | | | | 开花 | | 花芽分化 | | | | | |
| 修剪 | 疏剪 | | | | 疏剪、短截（花谢后） | | | | | | | 疏剪 |

**主要的修剪方法** **疏剪** **短截**
**参考 63 页**（花木的修剪）

命名为“溲疏”的植物有很多种类，它们的树形、高度也有差异。溲疏、粉花齿叶溲疏是有几根向上生长的树干，树枝先端扩展的树形（日本山梅花也是这种树形。参考 142 页 ）。细梗溲疏每年都能从地表长出新枝，要把它们修剪到高 1 m 以下。同样会从地表长枝条的锦带花（忍冬科，锦带花属）能长出高 2 m 左右的大型植株。不管是谁的修剪都以在落叶期疏理掉老枝为基本，需要短截时可以在花谢后进行。在 8 月左右会形成下一年开花的花芽。

**●可以用同样方法修剪的树种**

锦带花、毛叶锦带花、细梗溲疏。

溲疏的别名——“卯花”也很常见。

丛枝型的细梗溲疏在 5 月开花。

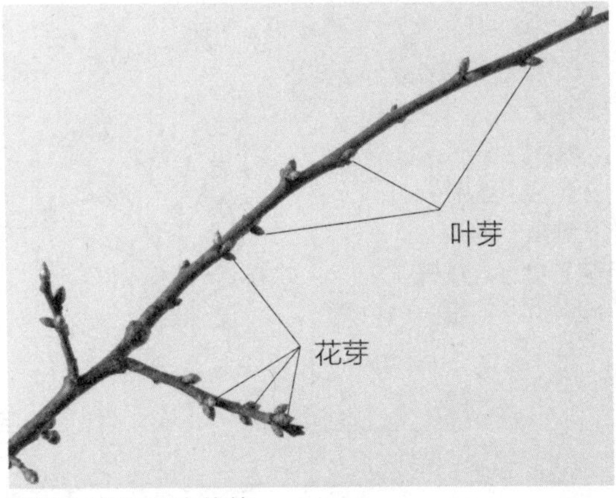


短枝上容易形成花芽

# 梅花

蔷薇科杏属
落叶乔木
自然树高：7 m
目标树高：3 m~4 m
生长速度：稍快
开花习性：老枝开花
日照条件：向阳

不定形

| 月 | 1 | 2 | 3 | 4 | 5 | 6 | 7 | 8 | 9 | 10 | 11 | 12 |
|---|---|---|---|---|---|---|---|---|---|---|---|---|
| 发育状态 | 休眠 | 开花 | | | | 生长 | 花芽分化 | | | | | 休眠 |
| 修剪 | 疏剪 | | 短截 | | | 短截徒长枝 | | | | | | 疏剪 |

**主要的修剪方法** **疏剪** **短截**

**参考 28 页**（落叶树的修剪）、**58 页**（花木的修剪）

虽然容易长出大量徒长枝，但徒长枝上没有形成花芽，所以可以把它们修剪成可以长出花芽的短枝。修剪在花谢后立刻进行，或是在长出树叶前的 3 月进行。可以在 6 月左右修剪长出的徒长枝。短截长枝剩下 5~10 节，这样剩下的部分就可以长出短枝，在 7 月左右可以形成下一年的花芽了。在冬天剪掉明显的无用枝。垂枝型树形的修剪请参考 133 页的垂枝红叶。

**短截长枝**

短截树枝只剩 5~10 节

叶芽

花芽

长出的短枝上形成花芽

变成枝条柔和舒展的垂枝型树形。

梅花的枝形是不定形，但是修剪时可以不打破它自然的生长轨迹。

# 落霜红

冬青科冬青属
落叶灌木
自然树高：3 m
目标树高：1 m~2 m
生长速度：稍慢
开花习性：老枝开花
日照条件：向阳

| 月 | 1 | 2 | 3 | 4 | 5 | 6 | 7 | 8 | 9 | 10 | 11 | 12 |
|---|---|---|---|---|---|---|---|---|---|---|---|---|
| 发育状态 | | 休眠 | | | | | 生长 | | | | | 休眠 |
| | | | | | 开花 | | 花芽分化 | | | 果实 | | |
| 修剪 | | 疏剪 | | | | | | | | | | 疏剪 |

**主要的修剪方法** **疏剪**

**参考 33 页**（落叶树的修剪）

树形虽然不怎么乱，但容易生成很多拥挤的细枝。在容易看清树枝状况的冬天进行密集部分的修剪以及徒长枝等无用枝的修剪。夏季前后在短枝上形成花芽，到下一年 5 月开花，秋天结果。因为落霜红是雌雄异株的，所以只有雌株才会结果。

在秋天，落霜红长出大量鲜红果实。

# 野茉莉

安息香科安息香属
落叶乔木
自然树高：10 m
目标树高：3 m~5 m
生长速度：稍快
开花习性：老枝开花
日照条件：向阳、半日照

| 月 | 1 | 2 | 3 | 4 | 5 | 6 | 7 | 8 | 9 | 10 | 11 | 12 |
|---|---|---|---|---|---|---|---|---|---|---|---|---|
| 发育状态 | | 休眠 | | | | | | 生长 | | | | 休眠 |
| | | | | | 开花 | | | 花芽分化 | | | | |
| 修剪 | | 疏剪 | | | | | | | | | | 疏剪 |

**主要的修剪方法** **疏剪**

**参考 24、32 页**（落叶树的修剪）

以在冬天修剪无用枝为基本修剪操作，进行疏枝以防枝条过密。8 月左右花芽在当年长出的短枝上形成。从根部剪去徒长枝，或者也可以短截树枝剩下 4~5 节使短枝长出。

开满花的野茉莉。

开花十分华丽的雪球荚蒾。

# 雪球荚蒾

忍冬科荚蒾属
落叶灌木
自然树高：3 m
目标树高：1.5 m~2 m
生长速度：稍慢
开花习性：老枝开花
日照条件：向阳

直立灌木

| 月 | 1 | 2 | 3 | 4 | 5 | 6 | 7 | 8 | 9 | 10 | 11 | 12 |
|---|---|---|---|---|---|---|---|---|---|---|---|---|
| 发育状态 | 休眠 | | | | | | 生长 | | | | | 休眠 |
| | | | | 开花 | | | 花芽分化 | | | | | |
| 修剪 | 疏剪 | | | | 剪去开花枝（花谢后） | | | | | | | |

**主要的修剪方法** **疏剪**

**参考 33 页**（落叶树的修剪）

修剪的基本操作是，在冬天疏剪闷心枝、徒长枝等无用枝。如果把节从中剪掉，就容易导致树枝干枯，所以要在树枝的分枝修剪。因为下一年的花芽会在 7 月左右形成，所以冬天修剪时不要截掉树枝的先端。开过花的树枝就不会长出下一年的花芽了，所以在花谢后要把它们短截，促进长出新枝，花芽也会在这上面形成。

朴素自然的蝴蝶荚蒾花。

荚蒾的果实也富有魅力。

欧洲荚蒾也是荚蒾的同类。图片是雪球欧洲荚蒾。

**●可以用同样方法修剪的树种**

其他落叶性的荚蒾类。

# 械树
## （鸡爪槭、小羽团扇枫等）

械树科械属
落叶乔木
自然树高：5 m~10 m
目标树高：3 m~5 m
生长速度：稍慢 ~ 稍快
日照条件：向阳、半日照

| 月 | 1 | 2 | 3 | 4 | 5 | 6 | 7 | 8 | 9 | 10 | 11 | 12 |
|---|---|---|---|---|---|---|---|---|---|---|---|---|
| 发育状态 | 休眠 | | | | | | 生长 | | | | | 休眠 |
| 修剪 | | | | | | | | | | | | 疏剪 |

**主要的修剪方法** **疏剪**

**参考 26 页**（落叶树的修剪）

械树类休眠时间很短，树液在 1 月就开始流动，所以修剪要在落叶后到 12 月末的时间内结束。通过疏剪突出自然树形的柔美是很重要的，尤其是幼树容易长出徒长枝。修剪的基本操作是剪去无用枝和用以枝换枝的方式修剪向外生长的树枝。把树枝中途剪断容易导致树枝枯死，因此要在分枝点修剪。由于粗枝不好修剪，在树枝变粗前修剪比较安全。械树是包含红叶在内的械树类的总称。

红色、橘红色等色彩鲜艳的红叶也是械树的魅力所在。

# 械树
## （垂枝红叶）

械树科械属
落叶乔木
自然树高：3 m
目标树高：2 m
生长速度：稍慢
日照条件：向阳、半日照

| 月 | 1 | 2 | 3 | 4 | 5 | 6 | 7 | 8 | 9 | 10 | 11 | 12 |
|---|---|---|---|---|---|---|---|---|---|---|---|---|
| 发育状态 | 休眠 | | | | | | 生长 | | | | | 休眠 |
| 修剪 | | | | | | | | | | | | 疏剪 |

**主要的修剪方法** **疏剪**

**参考 30 页**（落叶树的修剪）

垂悬生长的树枝虽然纤细优美，但重叠了好几层的树枝和下部的树枝很容易干枯。要在树枝的分枝点进行疏剪，留下呈弧线向外侧生长的树枝，减少重叠的枝条。剪去左右交叉的树枝中的一方。把立着的徒长枝、萌蘖枝等无用枝从根部剪掉。

**●可以用同样方法修剪的树种**

垂枝梅（适期是 12 月至次年 1 月）、垂枝樱（适期是 12 月）、垂枝碧桃（适期是 12 月至次年 2 月）。

线条柔和流畅的树枝是垂枝型树形的独特之处。

# 毒豆

豆科毒豆属
落叶乔木
自然树高：7 m
目标树高：4 m
生长速度：稍慢
开花习性：老枝开花
日照条件：向阳

扫帚状

| 月 | 1 | 2 | 3 | 4 | 5 | 6 | 7 | 8 | 9 | 10 | 11 | 12 |
|---|---|---|---|---|---|---|---|---|---|---|---|---|
| 发育状态 | | 休眠 | | | | | | 生长 | | | | 休眠 |
| | | | | | | 开花 | | 花芽分化 | | | | |
| 修剪 | | 疏剪 | | | | | | | | | | |

**主要的修剪方法** **疏剪**

毒豆并没有那么需要修剪，只要修剪萌蘖枝和扰乱树形的无用枝就可以了。修剪后的毒豆科植物难以度过漫长的冬天，所以要在早春的2—3月上旬修剪。因为幼树的树枝会向上生长得很长，所以可以短截树枝使其分枝。但8月左右是下一年花芽分化的时期，因此在初夏可以不剪去生长的树枝，把它们诱引到拱门上，这样既可以抑制树的增高又可以欣赏到大量花朵了。

鲜艳的花朵在欧美地区也被称为“金链花”。

# 金丝梅

金丝桃科金丝桃属
半常绿乔木
自然树高：2 m
目标树高：1 m
生长速度：稍快
开花习性：新枝开花
日照条件：向阳

丛生灌木

| 月 | 1 | 2 | 3 | 4 | 5 | 6 | 7 | 8 | 9 | 10 | 11 | 12 |
|---|---|---|---|---|---|---|---|---|---|---|---|---|
| 发育状态 | 休眠 | | | | | | 生长 | | | | | 休眠 |
| | | | | | 开花 | | | | | | | |
| | | | | 花芽分化 | | | | | | | | |
| 修剪 | | 疏剪、短截 | | | | | | | | | | |

**主要的修剪方法** **疏剪** **短截**

**参考64页**（花木的修剪）

因为金丝梅无法变得更大，所以修剪就以从根部疏剪老枝以及疏剪过长枝条为中心。属于新枝开花，春天长出的新枝上形成花芽并在当年开花。把树短截到20 cm左右的高度，可以促进植株的更新。但是这种树种萌芽很早，如果太晚短截会导致花量变少，所以应该在2月进行短截。

**●可以用同样方法修剪的树种**

其他金丝桃类植物。

柔韧的枝条先端形成了花。

# 榉树

榆科榉属
落叶乔木
自然树高：25 m
目标树高：10 m
生长速度：迅速
日照条件：向阳

杯形

| 月 | 1 | 2 | 3 | 4 | 5 | 6 | 7 | 8 | 9 | 10 | 11 | 12 |
|---|---|---|---|---|---|---|---|---|---|---|---|---|
| 发育状态 | 休眠 | | | | | | 生长 | | | | | 休眠 |
| 修剪 | 疏剪 | | | | | | | | | | | 疏剪 |

**主要的修剪方法** **疏剪**

**参考 26、28 页**（落叶树的修剪）

比起作为庭院树木的榉树，我们更常见到种在公园里的榉树。榉树有强健的体质，适应环境的能力很强。如果让树分出细枝，会使榉树在宽阔空间里呈杯形伸展，形成非常规整的树形，远远地就能够看到榉树。如果树枝拥挤就会使内层树枝无法照到阳光，进而容易干枯，所以需要在分枝点疏剪树枝。

变大的榉树向更宽阔的空间伸展。

# 麻叶绣线菊

蔷薇科绣线菊属
落叶灌木
自然树高：2 m
目标树高：1.5 m
生长速度：稍快
开花习性：老枝开花
日照条件：向阳

拱枝型

| 月 | 1 | 2 | 3 | 4 | 5 | 6 | 7 | 8 | 9 | 10 | 11 | 12 |
|---|---|---|---|---|---|---|---|---|---|---|---|---|
| 发育状态 | 休眠 | | | | | | 生长 | | | | | 休眠 |
| | | | | 开花 | | | | | 花芽分化 | | | |
| 修剪 | 疏剪 | | | | | 短截（每4~5年进行1次花后修剪） | | | | | | 疏剪 |

**主要的修剪方法** **疏剪** **短截**

**参考 33 页**（落叶树的修剪）

舒展开的拱形树枝上开满了白色的小花，呈线球状盛开。虽然树形天生规范，但是从根部不断长出新枝，容易变得拥挤，所以要从根部剪去老枝和缠绕的树枝，进行疏剪。因为树枝上长有很多花，所以推荐在容易看清树枝状况的冬天进行修剪。每 4~5 年进行 1 次更新树枝的修剪，在花谢后把所有的树枝截短到地表附近，这样植物可以重新焕发活力。

**●可以用同样方法修剪的树种**

紫叶风箱果。

枝条上开满花。

稍微开放的辛夷花。

比辛夷花大一圈的玉兰花。

# 辛夷、玉兰

木兰科木兰属
落叶乔木
自然树高：5 m~15 m
目标树高：5 m
生长速度：迅速
开花习性：老枝开花
日照条件：向阳

卵形

| 月 | 1 | 2 | 3 | 4 | 5 | 6 | 7 | 8 | 9 | 10 | 11 | 12 |
|---|---|---|---|---|---|---|---|---|---|---|---|---|
| 发育状态 | 休眠 | | 开花 | | | 花芽分化 | 生长 | | | | | 休眠 |
| 修剪 | 疏剪 | | 短截（花谢后） | | | | | | | | | 疏剪 |

**主要的修剪方法** **疏剪** **短截**

**参考 24 页**（落叶树的修剪）、**58 页**（花木的修剪）

同类植物多在萌芽前的早春开放，要在花谢后立刻进行修剪。因为树形天生比较规范，所以修剪主要是从根部剪去萌蘖枝等其他无用枝，把凸出树冠线的树枝从分枝点用以枝换枝的方式修剪掉。把长长的徒长枝剪到只剩 3~5 节，这样容易长出可以形成花芽的短枝。粗枝一定要在落叶期内修剪，并给剪口涂抹愈合剂。

**●可以用同样方法修剪的树种**

木兰花的其他同类（树形有球形树形等，会因树种不同而有差异）。

日本毛木兰又称星花木兰。

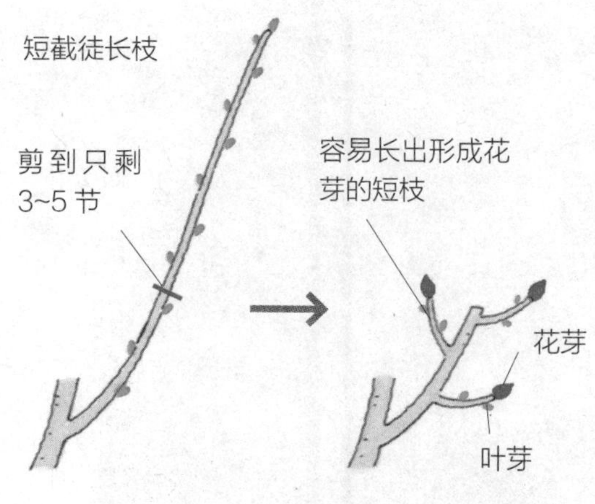

树枝先端长出花芽。

# 白棠子树

马鞭草科紫珠属
落叶灌木
自然树高：2 m
目标树高：1 m
生长速度：稍快
开花习性：新枝开花
日照条件：向阳

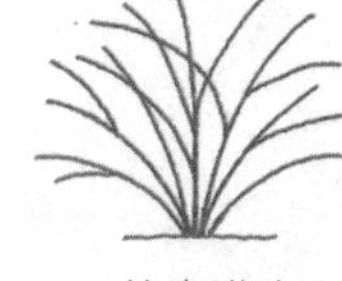

丛生灌木

| 月 | 1 | 2 | 3 | 4 | 5 | 6 | 7 | 8 | 9 | 10 | 11 | 12 |
|---|---|---|---|---|---|---|---|---|---|---|---|---|
| 发育状态 | | 休眠 | | | | | | 生长 | | | | 休眠 |
| | | | | | | 花芽分化 | | 开花 | | | | |
| 修剪 | | 疏剪、短截 | | | | | | | | | | |

**主要的修剪方法** **疏剪** **短截**
**参考 64 页**（花木的修剪）

名字叫作紫式部*的大多指的就是白棠子树了。它的果实有紫色也有白色。春天长出的树枝上形成花芽的白棠子树是新枝开花，同年开花后结出果实，所以要在没有花芽的落叶期进行修剪。但是如果把所有树枝都从根部短截，会导致徒长枝生长，这一年开花情况也会变差。最好在靠近根部处短截，并结合以枝换枝的方式修剪中间的树枝。

* 紫式部是白棠子树在日本的别称，更是日本古典文学名著《源氏物语》的作者。——译者注

作为秋季籽实植物的白棠子树很受欢迎。

# 樱花

蔷薇科樱属
落叶乔木
自然树高：3 m~15 m
目标树高：6 m
生长速度：迅速
开花习性：老枝开花
日照条件：向阳

杯形

球形

垂枝型

| 月 | 1 | 2 | 3 | 4 | 5 | 6 | 7 | 8 | 9 | 10 | 11 | 12 |
|---|---|---|---|---|---|---|---|---|---|---|---|---|
| 发育状态 | 休眠 | | | | | | 生长 | | | | | 休眠 |
| | | | 开花 | | | | 花芽分化 | | | | | |
| 修剪 | | | | | | | | | | | | 疏剪 |

**主要的修剪方法** **疏剪**
**参考 28 页**（落叶树的修剪）

樱花的品种有很多，从可以长成参天大树的品种到只能长到高 3 m 左右的品种，可谓多种多样。“笨蛋剪樱花”的俗语来源于樱花剪口较难愈合、容易枯死的性质。因此冬季修剪比花谢后修剪更安全。由于树液较早开始活动，所以树木落叶后到 12 月中旬是修剪适期。剪掉无用枝之后疏剪树枝，使树木内层也可以照到阳光，这样开花状况也会变好。剪口处一定要涂抹愈合剂。患上“丛枝病”后细枝聚成块，要从根部剪去这些患病树枝。垂枝型树形的修剪请参考 133 页的垂枝红叶。

如果想将樱花作为庭院树木培养、观赏，修剪时就一定要严守修剪适期。

# 紫薇

千屈菜科紫薇属
落叶乔木
自然树高：7 m
目标树高：3 m~4 m
生长速度：稍慢
开花习性：新枝开花
日照条件：向阳

不定形

| 月 | 1 | 2 | 3 | 4 | 5 | 6 | 7 | 8 | 9 | 10 | 11 | 12 |
|---|---|---|---|---|---|---|---|---|---|---|---|---|
| 发育状态 | | 休眠 | | | | | 生长 | | | | | 休眠 |
| | | | | | | 开花 | | | | | | |
| | | | | | 花芽分化 | | | | | | | |
| 修剪 | | | 短截 | | | | | | | | | |

**主要的修剪方法　短截**

**参考 60 页**（花木的修剪）

紫薇萌芽很晚，会在其他树木一片新绿的时候才开始抽芽。由于它耐寒性稍弱，所以要在春天萌芽前修剪。紫薇是新枝开花，从春天伸出的新枝先端长出花，所以通过短截能让强壮的树枝长出，开花情况也会变好。把去年的树枝截短到只剩 2~3 节，多年的重复操作会导致树瘤产生，这时就要在树瘤下方进行短截，促进更新。因为树枝的根部容易生出蚧壳虫，所以在修剪时要用钢丝刷等刷掉害虫。

长势强劲的树枝上有花形成。

# 山茱萸

山茱萸科山茱萸属
落叶乔木
自然树高：8 m
目标树高：3 m~4 m
生长速度：稍慢
开花习性：老枝开花
日照条件：向阳

球形

| 月 | 1 | 2 | 3 | 4 | 5 | 6 | 7 | 8 | 9 | 10 | 11 | 12 |
|---|---|---|---|---|---|---|---|---|---|---|---|---|
| 发育状态 | 休眠 | | | | | | 生长 | | | | | 休眠 |
| | | | 开花 | | | 花芽分化 | | | | | | |
| 修剪 | 疏剪 | | 疏剪、短截（花谢后） | | | | | | | | | 疏剪 |

**主要的修剪方法　疏剪　短截**

**参考 24 页**（落叶树的修剪）、**58 页**（花木的修剪）

因为冬天可以看清楚花芽，所以边辨认花芽边修剪无用枝和拥挤的树枝。花芽在短枝上形成，而非长枝。因为强度短截会导致无法开花，所以即便是在花谢后修剪也只是短截必须截掉的部分，修剪以疏剪为基础。由于对生的树枝很容易变得看起来像贯穿树干一样，因此最好根据整体平衡进行疏剪，使树枝左右错开（参考 117 页）。

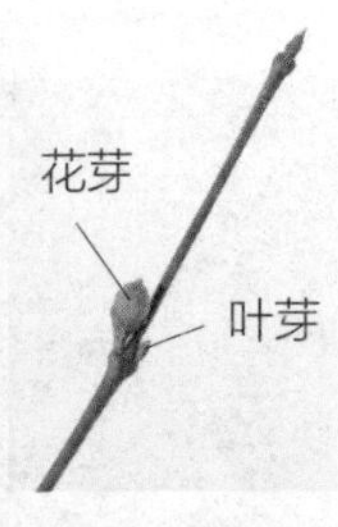


可以清楚辨认出花芽和叶芽

正如它在日本的别称“春黄金花”，金黄色的花点缀了早春。

# 加拿大唐棣

蔷薇科唐棣属
落叶乔木
自然树高：5 m
目标树高：3 m
生长速度：稍快
开花习性：老枝开花
日照条件：向阳

卵形

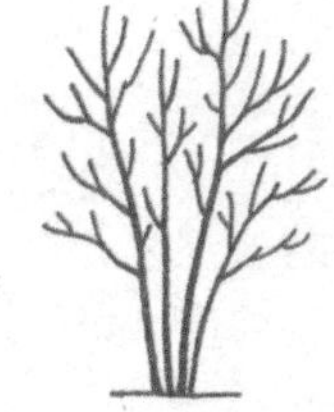
丛生型

| 月 | 1 | 2 | 3 | 4 | 5 | 6 | 7 | 8 | 9 | 10 | 11 | 12 |
|---|---|---|---|---|---|---|---|---|---|---|---|---|
| 发育状态 | | 休眠 | | | | | 生长 | | | | | 休眠 |
| | | | | 开花 | | 结果 | | 花芽分化 | | | | |
| 修剪 | | 疏剪 | | | | | | | | | | 疏剪 |

**主要的修剪方法　疏剪**
**参考 24、32 页**（落叶树的修剪）

因为加拿大唐棣的树形天生比较规范，所以只修剪无用枝就可以了。因为开花情况很好，可以修剪的树枝也不多，所以推荐在可以看清树枝的冬天进行修剪。如果树枝拥挤，结果就会变差，所以疏剪树枝使阳光照入内层。因为其自身容易长出萌蘖枝的性质，即便是丛枝型的树，也要把树干修剪到只有 5 根左右，这样树枝才不会拥挤。因为 2~3 年都结了果的树枝会变得拥挤，要把它们从分枝点短截掉，留下新枝代替老枝。

线条流畅的加拿大唐棣。

也可以欣赏 6 月的果实。

# 白桦

桦木科桦木属
落叶乔木
自然树高：10 m
目标树高：6 m
生长速度：迅速
日照条件：向阳

卵形

| 月 | 1 | 2 | 3 | 4 | 5 | 6 | 7 | 8 | 9 | 10 | 11 | 12 |
|---|---|---|---|---|---|---|---|---|---|---|---|---|
| 发育状态 | 休眠 | | | | | | 生长 | | | | | 休眠 |
| 修剪 | 疏剪 | | | | | | | | | | | 疏剪 |

**主要的修剪方法　疏剪**
**参考 24 页**（落叶树的修剪）

树干纤细发白的“日本樱桃桦树”非常受欢迎。因为树形几乎不会散乱，所以通常的修剪只进行到剪去缠绕的树枝、徒长枝的程度。虽然它有长高的特性，但可以尽早抑制树心生长控制树高。这类树的剪口很难愈合，不适合修剪粗枝，因此在树枝变粗之前修剪比较安全。修剪时一定要在和其他树枝的分枝点修剪，并且给剪口涂上愈合剂。

白色的树干使庭院变得更清爽。

# 黄栌

漆树科黄栌属
落叶乔木
自然树高：7 m
目标树高：3 m
生长速度：稍快
开花习性：老枝开花
日照条件：向阳

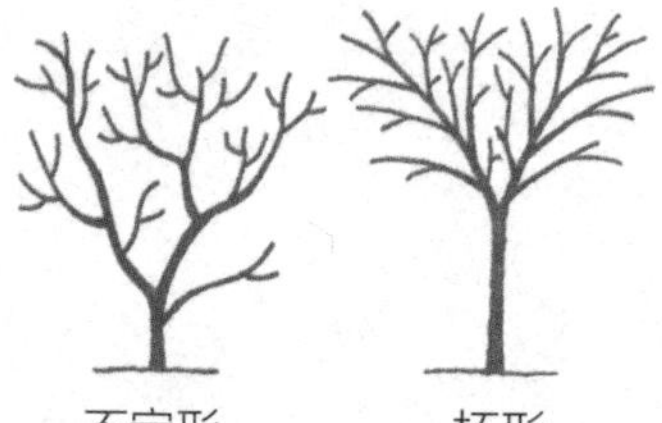


| 月 | 1 | 2 | 3 | 4 | 5 | 6 | 7 | 8 | 9 | 10 | 11 | 12 |
|---|---|---|---|---|---|---|---|---|---|---|---|---|
| 发育状态 | | 休眠 | | | | | 生长 | | | | | 休眠 |
| | | | | | 开花 | | 花芽分化 | | | | | |
| 修剪 | 疏剪 | | | | 短截（花谢后） | | | | | | | 疏剪 |

**主要的修剪方法** **疏剪** **短截**

**参考 28 页**（落叶树的修剪）、**58 页**（花木的修剪）

因为雌雄异株，所以开花后看起来像烟雾一样的棉絮状的都是雌树。种在院子里之后长得很快，有时 1 年可以长出长 2 m 左右的徒长枝。修剪时不要只留下 1 根树心，而是用几根向外生长的树枝代替树心，塑造出杯形树形，树木的生长就会慢慢稳定下来。因为花芽长在树枝的先端，所以冬天的修剪以疏枝为基础，把拥挤的树枝、缠绕在一起的树枝从根部剪掉。虽然可以对长得过大的树枝进行强度修剪使其缩小，但是这样会导致下一年难以开花，所以修剪最好勤恳些，防止树长得过大。

从远处就能看到软绵绵的花。

# 日本吊钟花

杜鹃花科吊钟花属
落叶灌木
自然树高：2 m
目标树高： 1 m
生长速度：缓慢
开花习性：老枝开花
日照条件：向阳、半日照

| 月 | 1 | 2 | 3 | 4 | 5 | 6 | 7 | 8 | 9 | 10 | 11 | 12 |
|---|---|---|---|---|---|---|---|---|---|---|---|---|
| 发育状态 | 休眠 | | | | | | 生长 | | | | | 休眠 |
| | | | | 开花 | | | 花芽分化 | | | | | |
| 修剪 | | | | | 短截、整枝（花谢后） | | | | | | | |

**主要的修剪方法** **短截** **整枝**

**参考 66 页**（花木的修剪）、**82 页**（造型树的修剪）

因为日本吊钟花萌芽能力很强，通过整枝很容易塑形成球形、绿篱、圆筒形造型等。在花谢后的 5—6 月中旬剪掉开败后的花，并沿着比去年修剪曲线稍微向外的位置进行修剪。要注意的是，夏天以后整枝会剪掉树枝先端形成的花芽。如果每年只进行 1 次花后修剪，之后长出的细碎树枝会使树表凌乱，所以在花后时期以外的时间，可以进行只剪去凸出树枝这种程度的修剪。如果以调整树形为主，就可以在秋天好好剪去凸出的树枝。

不只是春天的花，连秋天的红叶也很美丽。

# 蜡瓣花、少花瑞木

金缕梅科蜡瓣花属
落叶灌木
自然树高：4 m
目标树高：2 m（蜡瓣花），
　　　　　1 m（少花瑞木）
生长速度：稍慢
开花习性：老枝开花
日照条件：向阳

直立灌木

| 月 | 1 | 2 | 3 | 4 | 5 | 6 | 7 | 8 | 9 | 10 | 11 | 12 |
|---|---|---|---|---|---|---|---|---|---|---|---|---|
| 发育状态 | 休眠 | | | | | | 生长 | | | | | 休眠 |
| | | | 开花 | | | | 花芽分化 | | | | | |
| 修剪 | 疏剪 | | | | 疏剪、短截（花谢后） | | | | | | | 疏剪 |

**主要的修剪方法** **疏剪** **短截**
**参考 28、33 页**（落叶树的修剪）

即便对它们放任不管，树形也会比较规整。蜡瓣花的树枝数量比较少，少花瑞木的特点是树枝纤细密集。主要在冬天修剪萌蘖枝、徒长枝、缠绕的树枝等。春天长出的徒长枝上没有花芽，所以在5月左右可以从中剪短树枝，塑造可以形成花芽的短枝。

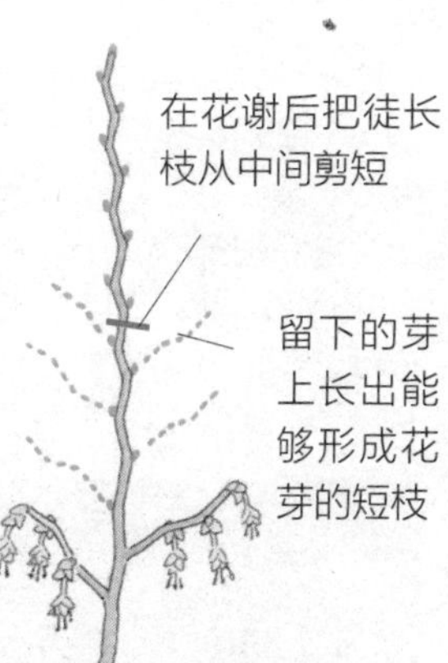

花成排下垂是蜡瓣花的特点。

少花瑞木的花比蜡瓣花的要小。

# 假山茶、红山紫茎

山茶科紫茎属
落叶乔木
自然树高：10 m
目标树高：5 m
生长速度：稍慢
开花习性：老枝开花
日照条件：向阳、半日照

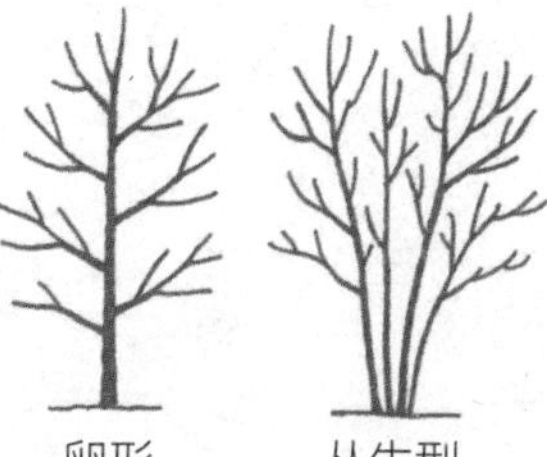


| 月 | 1 | 2 | 3 | 4 | 5 | 6 | 7 | 8 | 9 | 10 | 11 | 12 |
|---|---|---|---|---|---|---|---|---|---|---|---|---|
| 发育状态 | | 休眠 | | | | | 生长 | | | | | 休眠 |
| | | | | | | 开花 | | 花芽分化 | | | | |
| 修剪 | 疏剪 | | | | | | | | | | | 疏剪 |

**主要的修剪方法** **疏剪**
**参考 24、32 页**（落叶树的修剪）

假山茶也叫作日本紫茎，是和槭树齐名的可以观赏纤细枝形的树。本来它们的树枝就少，因此要在可以看清树枝的落叶期进行修剪，注意防止修剪过度。修剪以在树枝的分枝点剪去无用枝为主。剪口一定要涂上愈合剂。

假山茶在6月左右开出类似山茶花的花。

# 日本山梅花

绣球科山梅花属
落叶灌木
自然树高：3 m
目标树高：2 m
生长速度：稍慢
开花习性：老枝开花
日照条件：向阳

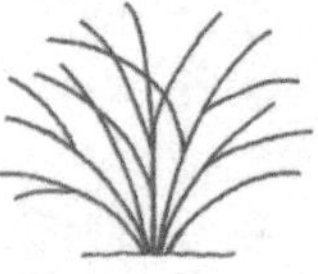
丛生灌木

| 月 | 1 | 2 | 3 | 4 | 5 | 6 | 7 | 8 | 9 | 10 | 11 | 12 |
|---|---|---|---|---|---|---|---|---|---|---|---|---|
| 发育状态 |  | 休眠 |  |  |  |  | 生长 |  |  |  |  | 休眠 |
|  |  |  |  |  | 开花 |  |  | 花芽分化 |  |  |  |  |
| 修剪 |  | 疏剪 |  |  |  | 疏剪、短截（花谢后） |  |  |  |  |  | 疏剪 |

**主要的修剪方法　疏剪　短截**
**参考 33 页**（落叶树的修剪）、**63 页**（花木的修剪）

日本山梅花是多根树枝向上直立生长的树形，长长伸展的树枝先端呈拱形延展。成为老枝后，树枝会分枝出拥挤的细枝，开花情况也会变差，所以要贴近地表剪去老枝，或者截去老枝，留下中途长出的年轻树枝作为替代。如果以开花为主就可以在花谢后的月份进行修剪，而落叶期修剪可以更清楚地看到树枝。如果想让拱形的树枝上长出一连串的花，绽放出日本山梅花的美丽，就不要把树枝剪得过短。

日本山梅花也香气怡人。

# 胡枝子

豆科胡枝子属
落叶灌木
自然树高：3 m
目标树高：1.5 m
生长速度：迅速
开花习性：新枝开花
日照条件：向阳

丛生灌木

| 月 | 1 | 2 | 3 | 4 | 5 | 6 | 7 | 8 | 9 | 10 | 11 | 12 |
|---|---|---|---|---|---|---|---|---|---|---|---|---|
| 发育状态 | 休眠 |  |  |  |  |  | 生长 |  |  |  |  | 休眠 |
|  |  |  |  |  |  | 开花 |  |  |  |  |  |  |
|  |  |  |  | 花芽分化 |  |  |  |  |  |  |  |  |
| 修剪 |  | 短截 |  |  |  |  |  |  |  |  |  | 短截 |

**主要的修剪方法　短截**
**参考 64 页**（花木的修剪）

胡枝子分为在冬天地表以上部分枯萎和不枯萎两个品种。一般多种植冬天会枯萎的品种。在春天长出的树枝上形成花芽，所以冬天是没有花芽的。修剪地表以上部分会枯萎的品种时，要短截到距根部有 10 cm 左右的高度。在新枝生长的 5 月下旬，可以再次将其短截至距根部有 20 cm 左右的位置，虽然这样花会开得晚一些，但是可以使胡枝子的高度变低。

胡枝子是秋七草 * 之一，被培育成多种品种。图片中是白花胡枝子。

* 在日本，秋七草指的是代表秋天的七种花草。包括胡枝子、狗尾草、夜歌、石竹、败酱、华泽兰和牵牛花。另说第五种以下为木槿、桔梗和旋花。（日汉大辞典，上海译文出版社）——译者注

# 垂丝海棠

蔷薇科苹果属
落叶灌木
自然树高：4 m
目标树高：2 m
生长速度：稍快
开花习性：老枝开花
日照条件：向阳

球形

| 月 | 1 | 2 | 3 | 4 | 5 | 6 | 7 | 8 | 9 | 10 | 11 | 12 |
|---|---|---|---|---|---|---|---|---|---|---|---|---|
| 发育状态 | 休眠 | | | 开花 | | | 生长<br>花芽分化 | | | | | 休眠 |
| 修剪 | 疏剪、短截 | | | | | | | | | | 疏剪、短截 | |

**主要的修剪方法　疏剪　短截**
**参考 24 页**（落叶树的修剪）

树枝容易紧紧地缠在一起。砧木上虽然经常长出糵，但要把它塑造成只有 1 根树干的树形而非丛枝型。在可以看清树枝的冬天进行修剪，把萌糵和缠绕的树枝从根部除去。花芽无法在长得太长的树枝上形成，最好是将长枝从中短截，使它长出可以形成花芽的短枝。

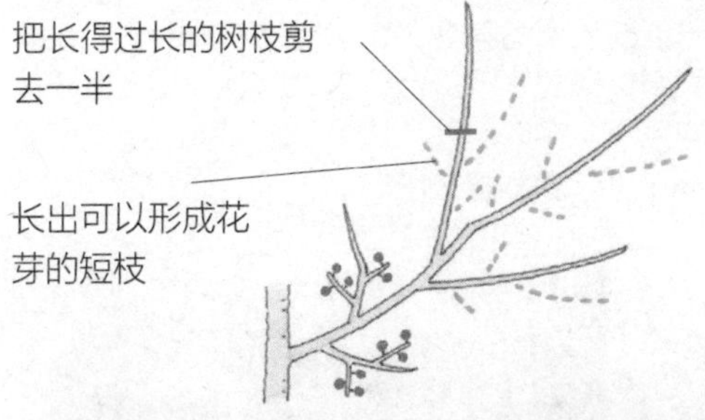

垂丝海棠盛开的花几乎要把树吞没。

# 紫荆

豆科紫荆属
落叶灌木
自然树高：3 m
目标树高：2 m
生长速度：稍快
开花习性：老枝开花
日照条件：向阳

直立灌木

| 月 | 1 | 2 | 3 | 4 | 5 | 6 | 7 | 8 | 9 | 10 | 11 | 12 |
|---|---|---|---|---|---|---|---|---|---|---|---|---|
| 发育状态 | | 休眠 | | 开花 | | | 生长<br>花芽分化 | | | | | 休眠 |
| 修剪 | | 疏剪 | | | | | | | | | | |

**主要的修剪方法　疏剪**
**参考 33 页**（落叶树的修剪）

因为树形天生规范，所以几乎不需要修剪。从根部容易长出糵，要把它们从根部剪掉，只留下一部分以便形成 1~5 根的树干。疏剪过长的树枝和拥挤的树枝，使光照充足。因为长枝无法形成花芽，可以从中途剪短长枝，让它长出可以形成下一年花芽的短枝。豆科在修剪后又要度过漫长的冬天，可能会导致树枝干枯，所以要在 2—3 月上旬修剪。

全部树枝都开满了花，即使远远望去也很醒目。

# 大花四照花

山茱萸科山茱萸属
落叶乔木
自然树高：8 m
目标树高：4 m
生长速度：稍慢
开花习性：老枝开花
日照条件：向阳

球形

| 月 | 1 | 2 | 3 | 4 | 5 | 6 | 7 | 8 | 9 | 10 | 11 | 12 |
|---|---|---|---|---|---|---|---|---|---|---|---|---|
| 发育状态 | | 休眠 | | | | | 生长 | | | | | 休眠 |
| | | | | 开花 | | | 花芽分化 | | | | | |
| 修剪 | 疏剪 | | | | 疏剪（花谢后） | | | | | | | 疏剪 |

**主要的修剪方法** **疏剪**

**参考 24 页**（落叶树的修剪）、**58 页**（花木的修剪）

幼树只有 1 根向上生长的树心，但是随着生长树心会分枝，形成树枝横向扩展的自然树形。修剪以冬天对无用枝的修剪为中心，花谢后也会剪去拥挤的树枝和过长的树枝以调整树形。花后修剪在使阳光照入树木内层、促进花芽分化的同时，还有防范在初夏多发的白粉病的作用。粗枝要用锯在落叶期锯断。

长斑的大花四照花。

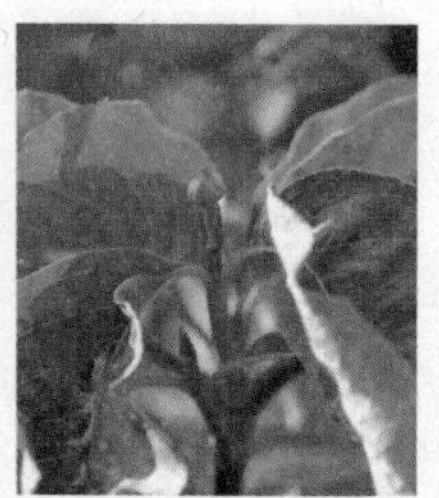

在秋天就能辨认出树枝先端的花芽了。

# 碧桃

蔷薇科樱属
落叶乔木
自然树高：7 m
目标树高：4 m
生长速度：迅速
开花习性：老枝开花
日照条件：向阳

扫帚形

球形

垂枝型

| 月 | 1 | 2 | 3 | 4 | 5 | 6 | 7 | 8 | 9 | 10 | 11 | 12 |
|---|---|---|---|---|---|---|---|---|---|---|---|---|
| 发育状态 | 休眠 | | | | | | 生长 | | | | | 休眠 |
| | | | 开花 | | | | 花芽分化 | | | | | |
| 修剪 | 疏剪 | | | 疏剪、短截（花谢后） | | | | | | | | 疏剪 |

**主要的修剪方法** **疏剪**

**参照 28、30 页**（落叶树的修剪）、**58 页**（花木的修剪）

和果实可以食用的桃树相反，主要用来观花的品种叫作碧桃。碧桃有呈扫帚状挺立的树形、树枝横向扩展的树形、树枝下垂的树形等，由于品种不同，碧桃的树形也是各种各样的。在花谢后短截生长过长的树枝，并疏剪树木内层拥挤的部分和缠绕在一起的树枝。而维持树形的轻度修剪可以在冬天进行。修剪树心，保留从树干下部长出的其他树枝以替代剪掉的树心，为了保持平衡，也要修剪侧枝，留下内侧的其他树枝代替剪掉的侧枝。在剪口处涂抹愈合剂。垂枝型树形的修剪请参考 133 页的垂枝红叶。

花长得很好，富有魅力。

直立灌木的名花“法兰西”。

# 蔷薇（直立型）

蔷薇科蔷薇属
落叶灌木
自然树高：1~5 m
目标树高：1~5 m
生长速度：迅速
开花习性：新枝开花
日照条件：向阳

直立灌木

| 月 | 1 | 2 | 3 | 4 | 5 | 6 | 7 | 8 | 9 | 10 | 11 | 12 |
|---|---|---|---|---|---|---|---|---|---|---|---|---|
| 发育状态 | 休眠 | | | | | | 生长 | | | | | 休眠 |
| | 花芽分化（四季开花） | | | | | | | | | | | |
| | 开花（四季开花） | | | | | | | | | | | |
| 修剪 | 短截、疏剪 | | | | | | | | 短截 | | 短截、疏剪 | |

**主要的修剪方法** **疏剪** **短截**

蔷薇有直立灌木、小灌木、攀援灌木等类型，而修剪方法也各不相同。小灌木蔷薇的花芽会在充实的新梢上形成，因此冬季修剪为基本操作，另外为了让四季开花的品种在秋天开花，还需要进行夏季修剪。冬季修剪时，在 1/3~1/2 的高度处整体短截，同时将老枝、闷心枝、过密枝等沿根部剪除疏剪。夏季修剪在 9 月上旬左右，将长长的树枝截断一半左右，从截断处长出的树枝会在 10—11 月开花。蘖有可能从底部钻出，要注意剪除。

### 夏季修剪

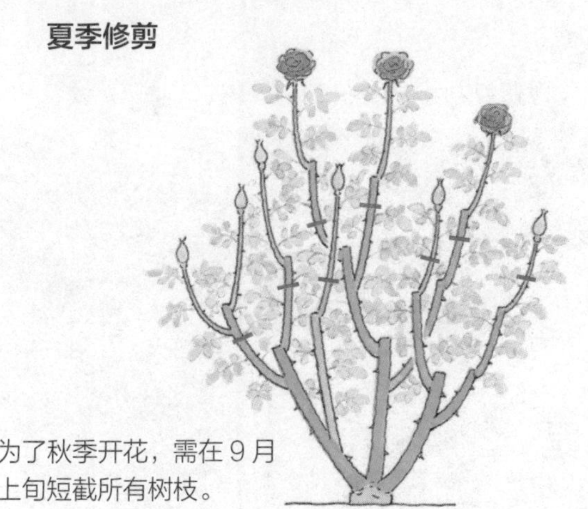


### 冬季修剪

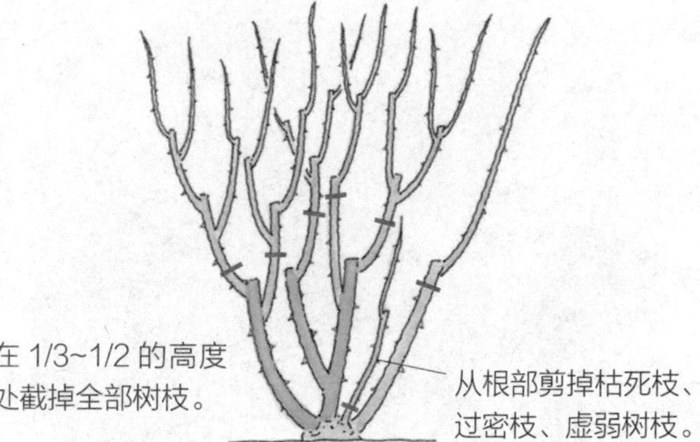

# 南方越橘

杜鹃花科越橘属
落叶灌木
自然树高：3 m
目标树高：1 m~2 m
生长速度：稍快
开花习性：老枝开花
日照条件：向阳

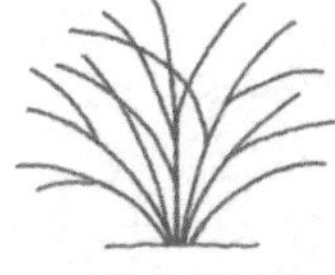

丛生灌木

| 月 | 1 | 2 | 3 | 4 | 5 | 6 | 7 | 8 | 9 | 10 | 11 | 12 |
|---|---|---|---|---|---|---|---|---|---|---|---|---|
| 发育状态 | | 休眠 | | | | | | 生长 | | | | 休眠 |
| | | | | 开花 | | | | | | 花芽分化 | | |
| | | | | | | 结果 | | | | | | |
| 修剪 | 疏剪 | | | | | | | | | | | 疏剪 |

**主要的修剪方法　疏剪**
**参考 65 页**（花木的修剪）

因为南方越橘等的籽实植物在收获以前是不能修剪的，所以花谢后的修剪一定要在冬天进行。花芽会在去年生长充实的枝头开放。冬季修剪时，要剪除老枝、过密枝等，疏剪树枝使树枝充分享受光照。随着植株的生长，蘖状的枝条会从根部长出。春天时从这里长出的树枝上会在第二年结出许多花芽，因此不需剪除。

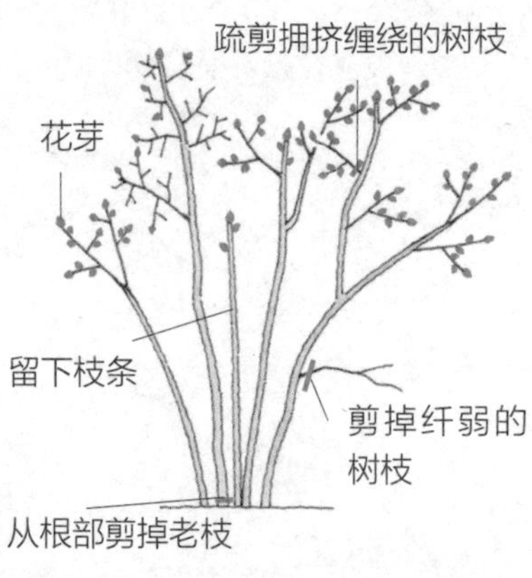


果实缀满枝头的南方越橘。

# 木瓜

蔷薇科木瓜属
落叶灌木
自然树高：3 m
目标树高：1 m
生长速度：稍快
开花习性：老枝开花
日照条件：向阳

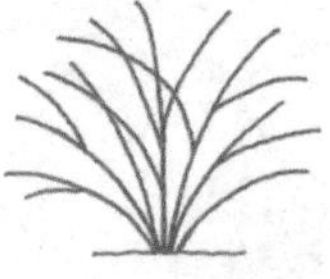

丛生灌木

| 月 | 1 | 2 | 3 | 4 | 5 | 6 | 7 | 8 | 9 | 10 | 11 | 12 |
|---|---|---|---|---|---|---|---|---|---|---|---|---|
| 发育状态 | | 休眠 | | | | | 生长 | | | | | 休眠 |
| | 开花（秋开品种） | | | 开花 | | | | 花芽分化 | | | 开花（秋开品种） | |
| 修剪 | 疏剪、徒长枝的短截 | | | | | | | | | 疏剪、徒长枝的短截 | | |

**主要的修剪方法　疏剪　短截**
**参考 33 页**（落叶树的修剪）

花芽在树龄 2 年以上的短枝上生长，从老枝上生出的短枝上容易生长很多的花芽。一般的老枝不需剪除，在 11 月左右就能看清花芽，因此在确认的同时修剪即可。因为徒长枝上不生长花芽，因此要留下 5~6 节，其余截掉，短枝才会从截断处长出。若想保持树木短小，要从树枝的分叉处用以枝换枝的方式疏剪。

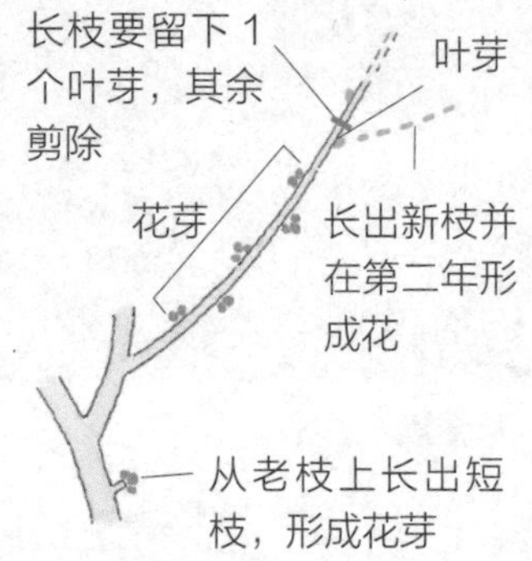


在冬季修剪完成，以整洁的姿态开花。

# 牡丹

牡丹科牡丹属
落叶灌木
自然树高：2 m
目标树高：1 m
生长速度：稍慢
开花习性：老枝开花
日照条件：向阳

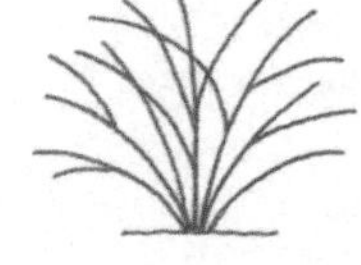
丛生灌木

| 月 | 1 | 2 | 3 | 4 | 5 | 6 | 7 | 8 | 9 | 10 | 11 | 12 |
|---|---|---|---|---|---|---|---|---|---|---|---|---|
| 发育状态 | | 休眠 | | | | | | 生长 | | | | 休眠 |
| | 开花（寒牡丹） | | | 开花 | | | | 花芽分化 | | | | |
| 修剪 | 疏剪 | | | | 短截（花谢后） | | | | | | | 疏剪 |

**主要的修剪方法** **疏剪** **短截**
**参考 33 页**（落叶树的修剪）

树形不易杂乱因此不需过分修剪，在冬季能分辨出小的叶芽和大一圈的花芽，所以可以一边确认花芽一边修剪。当枝数多且过密时，对花芽少的树枝进行疏剪。花芽有长在树枝上部的习性，因此想将树高降低的话，在花谢后的5月中下旬只摘下上部的花芽，就能使下面的芽自然地成为花芽。之后，在冬季修剪时将花芽上面的树枝去掉就可以了。

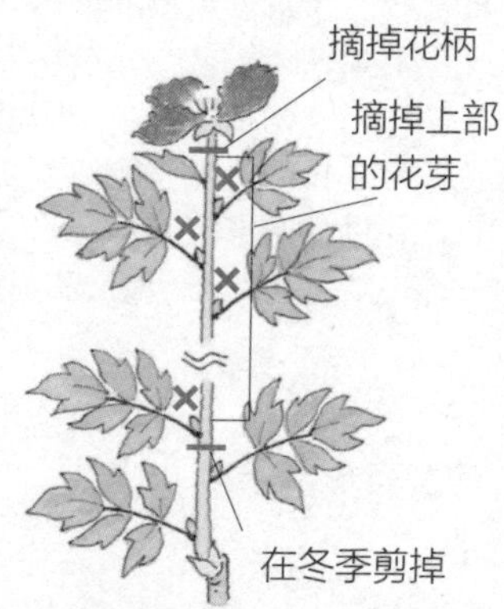

绚烂盛开的牡丹。

# 黄瑞香

瑞香科瑞香属
落叶灌木
自然树高：3 m
目标树高：1 m
生长速度：稍慢
开花习性：老枝开花
日照条件：向阳

直立灌木

| 月 | 1 | 2 | 3 | 4 | 5 | 6 | 7 | 8 | 9 | 10 | 11 | 12 |
|---|---|---|---|---|---|---|---|---|---|---|---|---|
| 发育状态 | 休眠 | | | | | | 生长 | | | | | 休眠 |
| | | | 开花 | | | | 花芽分化 | | | | | |
| 修剪 | | | | 疏剪、短截（花谢后） | | | | | | | | |

**主要的修剪方法** **疏剪** **短截**
**参考 63 页**（花木的修剪）

树形自然聚拢，因此只需在花后剪掉过密枝和徒长枝即可。花芽长于花后生长的新梢端部，形成时间在7月左右，虽然可以在花谢后修剪，但发芽能力不强，如果在树枝中间短截或整枝，这一部分就会枯萎，因此一定要在分岔点剪除。要仔细剪掉萌蘖。

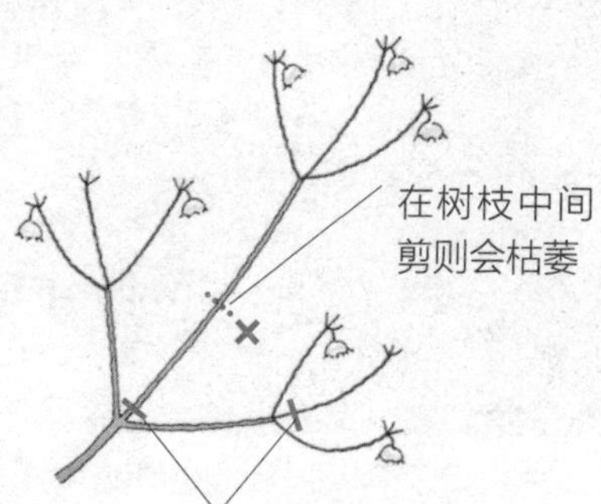

在树枝的分岔点修剪

枝头开放的花朵。

树枝呈扫帚状生长，上面开出花朵。

# 木槿

锦葵科芙蓉属
落叶乔木
自然树高：5 m
目标树高：2 m
生长速度：稍快
开花习性：新枝开花
日照条件：向阳

扫帚形

| 月 | 1 | 2 | 3 | 4 | 5 | 6 | 7 | 8 | 9 | 10 | 11 | 12 |
|---|---|---|---|---|---|---|---|---|---|---|---|---|
| 发育状态 | | 休眠 | | | | | | 生长 | | | | 休眠 |
| | | | | | | 开花 | | | | | | |
| | | | | 花芽分化 | | | | | | | | |
| 修剪 | 疏剪、短截(寒冷地带为3月) | | | | | | | 疏剪、短截(寒冷地带为3月) | | | | |

**主要的修剪方法** **疏剪** **短截**
**参考 60 页**（花木的修剪）

从春天开始，新梢一边生长一边持续长出花芽，开放时间长，这都是木槿的特征。因为落叶期没有花芽，所以只需要思考如何修剪树形即可。要疏剪过密枝。如果想将木槿变低则进行短截，整理树形。但是，使用只修剪枝干的高强度修剪方法，有可能出现树枝徒长、花芽无法形成的情况。因为春季冒芽缓慢，所以在寒冷地带要避开严冬，3 月修剪较为安全。

## 修剪过大的木槿

冬季花芽尚未长出，可以安心修剪。短截整体降低树高，把无用枝从根部疏理掉会让木槿更显清爽。

为茶室插花所喜爱。

与大花四照花不同，狭叶四照花是在叶子出现后开花。

总苞片呈粉色的“红花山法师”。

# 狭叶四照花

山茱萸科山茱萸属
落叶乔木
自然树高：10 m
目标树高：5 m
生长速度：稍快
开花习性：老枝开花
日照条件：向阳、半日照

球形

| 月 | 1 | 2 | 3 | 4 | 5 | 6 | 7 | 8 | 9 | 10 | 11 | 12 |
|---|---|---|---|---|---|---|---|---|---|---|---|---|
| 发育状态 | 休眠 | | | | | | 生长 | | | | | 休眠 |
| | | | | | 开花 | | 花芽分化 | | | | | |
| 修剪 | 疏剪 | | | | | | | | | | | 疏剪 |

**主要的修剪方法　疏剪**
**参考 24 页**（落叶树的修剪）

开花期与花芽分化期比较接近，花谢后修剪有可能会影响花芽分化。因为在落叶期可以确认圆形的花芽，因此可以进行树枝的疏剪，引导树长出自然的树形。徒长枝上不长花芽因此要剪短。同一处容易长出 3 根以上的树枝，因此要进行疏剪，使其干练清爽。从 2~3 根树枝长出的分枝点剪除的话也可以抑制树的生长高度。剪口处一定要涂愈合剂。

可以欣赏秋天成熟的甜美果实和晚秋的红叶。

冬季可以清楚辨别花芽与叶芽，因此要一边确认一边修剪。

带斑点的品种“狼眼”。

# 珍珠花

蔷薇科绣线菊属
落叶灌木
自然树高：2 m
目标树高：1 m
生长速度：稍慢
开花习性：老枝开花
日照条件：向阳

丛生灌木

| 月 | 1 | 2 | 3 | 4 | 5 | 6 | 7 | 8 | 9 | 10 | 11 | 12 |
|---|---|---|---|---|---|---|---|---|---|---|---|---|
| 发育状态 | 休眠 | 休眠 | 生长 | 生长 | 生长 | 生长 | 生长 | 生长 | 生长 | 生长 | 生长 | 休眠 |
| | | | | 开花 | | | | | 花芽分化 | | | |
| 修剪 | 疏剪 | 疏剪 | | | 疏剪、短截（花谢后） | | | | | | | 疏剪 |

**主要的修剪方法** **疏剪** **短截**

**参考 33 页**（落叶树的修剪）、**63 页**（花木的修剪）

因为呈弓状下垂的树枝是其特征，所以不要在树枝中间修剪，以从根部修剪老枝为修剪的基本操作。根部长出很多树枝，所以要进行疏剪防止树枝过密。花芽多长于树枝的中间，因此中间进行以枝换枝的疏剪也无妨。花谢后在近地表处短截，可以保持树木矮小。

**●可以用同样方法修剪的树种**

棣棠。

呈弓形下垂的柔软树枝。

# 丁香花

木樨科丁香花属
落叶乔木
自然树高：6 m
目标树高：3 m
生长速度：稍慢
开花习性：老枝开花
日照条件：向阳

圆球形

| 月 | 1 | 2 | 3 | 4 | 5 | 6 | 7 | 8 | 9 | 10 | 11 | 12 |
|---|---|---|---|---|---|---|---|---|---|---|---|---|
| 发育状态 | 休眠 | 休眠 | 生长 | 生长 | 生长 | 生长 | 生长 | 生长 | 生长 | 生长 | 生长 | 休眠 |
| | | | | 开花 | 开花 | | 花芽分化 | 花芽分化 | | | | |
| 修剪 | | | | | 疏剪、短截（花谢后） | 疏剪、短截（花谢后） | | | | | | |

**主要的修剪方法** **疏剪** **短截**

**参考 58 页**（花木的修剪）

花芽长在充分伸展的树枝顶端，因此位置年年升高。花谢后疏剪树枝，以别的树枝代替，可抑制树高，使来年的花开放。为了不使树木衰败，这时的花蒂、花柄也要摘除。在树枝中间修剪会使树木容易枯萎，因此要在分枝点修剪。要从根部剪除从底部生长出的芽。

在枝头绽放的花。

# 连翘

木樨科连翘属
落叶灌木
自然树高：3 m
目标树高：1 m
生长速度：稍快
开花习性：老枝开花
日照条件：向阳

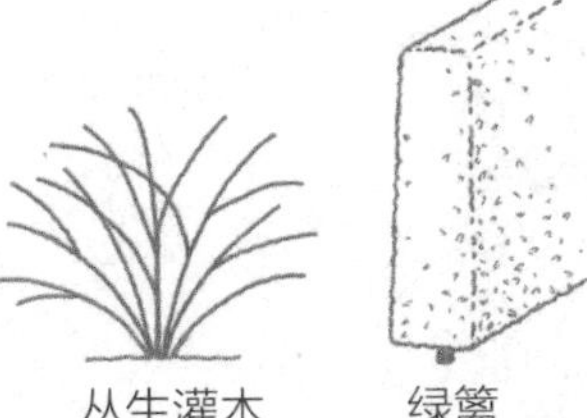


| 月 | 1 | 2 | 3 | 4 | 5 | 6 | 7 | 8 | 9 | 10 | 11 | 12 |
|---|---|---|---|---|---|---|---|---|---|---|---|---|
| 发育状态 | 休眠 | | | | | | 生长 | | | | | 休眠 |
| | | | 开花 | | | | 花芽分化 | | | | | |
| 修剪 | 疏剪、轻度短截 | | | | 短截、整枝（花谢后） | | | | | 疏剪、轻度短截 | | |

**主要的修剪方法** **疏剪** **短截** **整枝**

**参考 33 页**（落叶树的修剪），**63、66 页**（花木的修剪）

连翘生长旺盛、经常分枝，树枝也常会从地际长出并茂盛生长。因为从树枝顶端到中段全部长着花朵，所以只要不是极度短截树枝就不用担心无法开花。虽然自然树形是长有很多丛枝的植株类型，但是树枝非常结实，可以塑造成绿篱或标准造型等。基本修剪操作是在容易看清树枝的落叶期进行修剪并剪去老枝。需要造型的话，可以在花谢后进行整枝和力度较大的短截。

用鲜艳的黄色和水仙一起宣告春天的来临。

# 蜡梅

蜡梅科蜡梅属
落叶灌木
自然树高：5 m
目标树高：3 m
生长速度：稍慢
开花习性：老枝开花
日照条件：向阳

| 月 | 1 | 2 | 3 | 4 | 5 | 6 | 7 | 8 | 9 | 10 | 11 | 12 |
|---|---|---|---|---|---|---|---|---|---|---|---|---|
| 发育状态 | 休眠 | | | | | | 生长 | | | | | 休眠 |
| | 开花 | | | | | 花芽分化 | | | | | | |
| 修剪 | | | 疏剪（花谢后） | | | | | | | | | |

**主要的修剪方法** **疏剪**

**参考 28、33 页**（落叶树的修剪）

花谢后在叶子还没出现前要马上修剪。主枝保留三四根，修剪整理从根部长出的蘖，疏剪交叉枝、过密枝、徒长枝等树枝。从树枝中间修剪易导致树枝枯萎，因此要从分枝点处修剪。结花 4~5 年的过密枝要从根部修剪使其重新生长。

直到花中心都是黄色的素心蜡梅。

# 常绿树

（上图）“曙锦”山茶
（左下图）红罗宾石楠的新芽
（右下图）宣告春天到来的贝利氏相思

## 马醉木

杜鹃花科马醉木属
常绿灌木
自然树高：5 m
目标树高：1.5 m
生长速度：缓慢
开花习性：老枝开花
日照条件：向阳、半日照

直立矮木

| 月 | 1 | 2 | 3 | 4 | 5 | 6 | 7 | 8 | 9 | 10 | 11 | 12 |
|---|---|---|---|---|---|---|---|---|---|---|---|---|
| 发育状态 | 生长停滞 | | | | | 生长 | | | | | 生长停滞 | |
| | | | | 开花 | | | 花芽分化 | | | | | |
| 修剪 | | | | 疏剪、短截（花谢后） | | | | | | | | |

**主要的修剪方法** **疏剪** **短截**

**参考 48 页**（常绿树的修剪）、**62 页**（花木的修剪）

马醉木生长缓慢且天生树形规范，所以不怎么需要修剪。因为本身就有自然树形的韵味，所以只疏剪拥挤的部分以及凸出的树枝就可以了。下一年开花的花芽会在 7 月左右于花谢后长出的新梢先端分化出来，所以为了可以长出新枝，摘掉花蒂也是很重要的。在花开完后就可以把每个花穗剪掉。

以马醉木为中心的白色花园。

# 钝齿冬青

冬青科冬青属
常绿灌木
自然树高：5 m
目标树高：1 m~3 m（根据造型方法）
生长速度：缓慢
日照条件：向阳、半日照

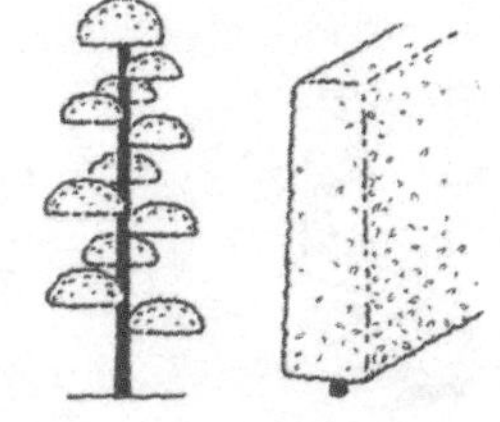


| 月 | 1 | 2 | 3 | 4 | 5 | 6 | 7 | 8 | 9 | 10 | 11 | 12 |
|---|---|---|---|---|---|---|---|---|---|---|---|---|
| 发育状态 | 生长停滞 | | | | | | 生长 | | | | 生长停滞 | |
| 修剪 | | | 整枝 | | | 整枝 | | | 整枝 | | | |

**主要的修剪方法** **整枝**
**参考 82、90 页**（造型树的修剪）

造园的世界里“黄杨”一般指的就是钝齿冬青。它具有深绿色的细叶和良好的萌芽性，通过整枝对其进行塑形后被广泛应用于绿篱、造型树、绿雕塑等。在常绿树的修剪适期内每年进行多次整枝，可以使它在造型时枝叶更繁茂。在寒冷地区只要避开 9 月进行整枝，就不用担心对树木造成伤害了。可以用修枝剪把粗枝剪到比修剪曲线更深的位置，这样可以抑制从剪口凸出来的树枝。需要注意的是，如果对没有树叶的部分修剪过深，可能会导致树枝枯死。

**●可以用同样方法修剪的树种**
大花六道木、土杉、银姬小蜡、锦熟黄杨等。

被造型的钝齿冬青（车轮形）。

不要整枝到没有叶的部分。

# 油橄榄

木樨科木樨榄属
常绿乔木
自然树高：10 m
目标树高：3 m
生长速度：迅速
开花习性：老枝开花
日照条件：向阳

不定形

| 月 | 1 | 2 | 3 | 4 | 5 | 6 | 7 | 8 | 9 | 10 | 11 | 12 |
|---|---|---|---|---|---|---|---|---|---|---|---|---|
| 发育状态 | | 生长停滞 | | | | | 生长 | | | | 生长停滞 | |
| | | | | 花芽分化 | | 开花 | | | | 结果 | | |
| 修剪 | | 疏剪、短截 | | | | | | | | | | |

**主要的修剪方法** **疏剪** **短截**
**参考 26 页**（落叶树的修剪）、**48 页**（常绿树的修剪）

本来是为了收获果实种的树，但经常被当作庭院树木种植。因为生长极快、树枝密集，所以要疏剪内层拥挤的部分和缠绕在一起的树枝，使树枝得到充足的阳光。临近春天萌芽时，老枝上会分化出花芽，所以最好在 2—3 月修剪。虽然经常保留它的自然树形，但是因为它有较好的萌芽性，所以可以进行整枝将其塑形。为了收获果实，需要种植两种以上的品种以便授粉。

种在地上的油橄榄茁壮生长。

油橄榄轻盈的树叶。

# 三菱果树参

五加科树参属
常绿灌木
自然树高：5 m
目标树高：2 m
生长速度：稍快
日照条件：向阳、半日照

卵形

直立灌木

| 月 | 1 | 2 | 3 | 4 | 5 | 6 | 7 | 8 | 9 | 10 | 11 | 12 |
|---|---|---|---|---|---|---|---|---|---|---|---|---|
| 发育状态 | | 生长停滞 | | | | | 生长 | | | | | 生长停滞 |
| 修剪 | | | 疏剪、短截 | | | 疏剪、短截 | | | 疏剪、短截 | | | |

**主要的修剪方法** **疏剪** **短截**
**参考 48 页**（常绿树的修剪）

有只有 1 根主干的树形和丛枝型树形。如果是丛枝型就要疏剪拥挤的树枝，把主枝修剪为 3~5 根。长大的树叶有着下部树叶容易干枯、上部树叶茂盛生长的特点。如果不想让它长太高，在下面的树叶干枯前剪掉上部的树叶，下部树叶就可以长出新芽了。因为萌芽性良好，在修剪适期内从中剪短树枝，也不会导致树枝枯萎，仍能萌出新芽。

就算修剪了三菱果树参，它也很容易发芽。

# 夹竹桃

夹竹桃科夹竹桃属
常绿乔木
自然树高：5 m
目标树高：3 m
生长速度：迅速
开花习性：新枝开花
日照条件：向阳

丛枝型

| 月 | 1 | 2 | 3 | 4 | 5 | 6 | 7 | 8 | 9 | 10 | 11 | 12 |
|---|---|---|---|---|---|---|---|---|---|---|---|---|
| 发育状态 | | 生长停滞 | | | | | 生长 | | | | | 生长停滞 |
| | | | | | 花芽分化 | | | 开花 | | | | |
| 修剪 | | | 疏剪、短截、整枝 | | | | | | | | | |

**主要的修剪方法** **疏剪** **短截** **整枝**
**参考 48 页**（常绿树的修剪）、**62 页**（花木的修剪）

由于不怕空气污染和盐害，夹竹桃经常被种在路边、近海岸的公园等地。其萌芽力非常强，不管怎么修剪萌芽也会越来越好。春天长出的树枝在 5—6 月时分化出花芽。在低温时期修剪很容易使树木受伤，所以可以在气温上升的 4 月疏剪拥挤的树枝并进行短截，以抑制树木高度。虽然也能整枝，但是树枝变得密集会导致日照条件变差、花芽减少，需要注意。

生长旺盛的夹竹桃。

# 丹桂

木樨科木樨属
常绿乔木
自然树高：6 m
目标树高：3 m
生长速度：稍快
开花习性：新枝开花
日照条件：向阳

天然规范的树形

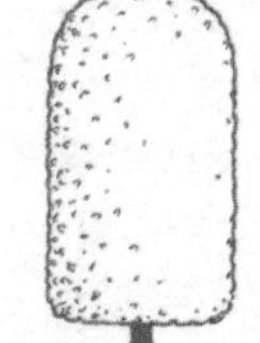
圆锥形造型

| 月 | 1 | 2 | 3 | 4 | 5 | 6 | 7 | 8 | 9 | 10 | 11 | 12 |
|---|---|---|---|---|---|---|---|---|---|---|---|---|
| 发育状态 | 生长停滞 | 生长停滞 | 生长停滞 | 生长 | 生长 | 生长 | 生长 | 生长 | 生长 | 生长 | 生长停滞 | 生长停滞 |
| | | | | | | | | 花芽分化 | 开花 | 开花 | | |
| 修剪 | | | 整枝 | | | | | | | | | |

**主要的修剪方法 整枝**

**参考 50 页**（常绿树的修剪）、**62 页**（花木的修剪）

从春天开始生长的新梢在 8 月左右分化出花芽的新枝开花型。秋天花谢后到次年春天的期间，虽然因为没有花芽，什么时候修剪都可以，但是由于其耐寒性稍差，在春天修剪是最安全的。整枝是普遍的做法，沿着去年的修剪线修剪，粗壮的树枝可以稍往更深的位置修剪。如果修剪到没有叶子的地方树枝会枯萎，所以请注意。

每节树枝都会开花。

修剪成圆筒形的丹桂。

# 金合欢

豆科金合欢属
常绿乔木
自然树高：10 m
目标树高：4 m
生长速度：迅速
开花习性：老枝开花
日照条件：向阳

扫帚形

| 月 | 1 | 2 | 3 | 4 | 5 | 6 | 7 | 8 | 9 | 10 | 11 | 12 |
|---|---|---|---|---|---|---|---|---|---|---|---|---|
| 发育状态 | 生长停滞 | 生长停滞 | 生长 | 生长 | 生长 | 生长 | 生长 | 生长 | 生长 | 生长 | 生长停滞 | 生长停滞 |
| | | | 开花 | | | | | 花芽分化 | | | | |
| 修剪 | | | | 疏剪（花谢后） | 疏剪（花谢后） | | | | | | | |

**主要的修剪方法 疏剪**

金合欢成长很快，也有可能被强风吹断。不要让它长得过大，要每年进行修剪。花谢后将很难发出新梢的老树枝或杂乱的树枝以及过长的树枝疏剪，让光进入内层。将主干从其与枝干的分枝点切除可以控制其高度。

**●可以用同样方法修剪的树种**

银荆。

作为标志性树木的金合欢。

# 栀子

茜草科栀子属
常绿乔木
自然树高：2 m
目标树高：1 m
生长速度：稍慢
开花习性：老枝开花
日照条件：向阳

天生规范的树形

| 月 | 1 | 2 | 3 | 4 | 5 | 6 | 7 | 8 | 9 | 10 | 11 | 12 |
|---|---|---|---|---|---|---|---|---|---|---|---|---|
| 发育状态 | | 生长停滞 | | | | | 生长 | | | | 生长停滞 | |
| | | | | | | 开花 | | 花芽分化 | | | | |
| 修剪 | | | | | | 疏剪（花谢后） | | | | | | |

**主要的修剪方法** **疏剪**
**参照 62 页**（花木的修剪）

栀子树会自然呈现出树形，因为没必要过多修剪。将冒出的枝条或混杂的部分从根部剪掉就好了。在花期结束的 1 个月左右时间里来年的花芽将会分化，因此需在开花后立刻进行修剪。为了收获果实而没有进行修剪的树枝来年是不会开花的。需要注意的是，在枝头需要强度修剪或整枝的情况下，树枝的成长由于赶不上花芽的分化是无法开花的。

优雅的清香也受人喜爱。

# 山茶花

山茶科山茶属
常绿乔木
自然树高：5 m
目标树高：2 m
生长速度：稍快
开花习性：新枝开花
日照条件：向阳、半日照

天生规范的树形

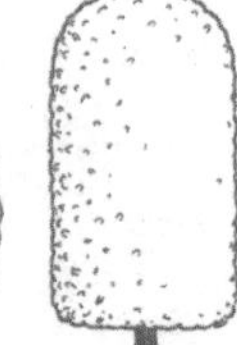
圆筒形

| 月 | 1 | 2 | 3 | 4 | 5 | 6 | 7 | 8 | 9 | 10 | 11 | 12 |
|---|---|---|---|---|---|---|---|---|---|---|---|---|
| 发育状态 | | 生长停滞 | | | | | | 生长 | | | | 生长停滞 |
| | | | | | | | 花芽分化 | | | | 开花 | |
| 修剪 | | 疏剪、整枝、短截 | | | | | | | | | | |

**主要的修剪方法** **疏剪** **整枝** **短截**
**参照 48、50 页**（常绿树的修剪）、**62 页**（花木的修剪）、**82 页**（造型树的修剪）

从春天到初夏在充实伸展的新梢上结出花芽的新枝开花型。最好避免在开花后的冬季进行修剪。等到春天 3 月的时候修剪，寒冷就不会伤害到树木，是安全的。因为山茶花的萌芽性很强，所以经常在修剪后被用作绿篱。每年修剪后树枝还是过于混乱的话，在比整枝线深的位置剪掉粗壮的树枝，让光透进来。

适合西式庭院的山茶花。

# 皋月杜鹃、杜鹃（常绿）

杜鹃花科杜鹃花属
常绿乔木
自然树高：4 m
目标树高：1 m~1.5 m
生长速度：稍慢
开花习性：老枝开花
日照条件：向阳

半球形

天然规范的树形

| 月 | 1 | 2 | 3 | 4 | 5 | 6 | 7 | 8 | 9 | 10 | 11 | 12 |
|---|---|---|---|---|---|---|---|---|---|---|---|---|
| 发育状态 |  | 生长停滞 |  |  |  |  | 生长 |  |  |  |  | 生长停滞 |
|  |  |  |  |  | 开花 |  | 花芽分化 |  |  |  |  |  |
| 修剪 |  |  |  |  | 短截、整枝（花谢后马上） |  |  |  |  |  |  |  |

**主要的修剪方法　短截　整枝**

**参考 66 页**（花木的修剪）

萌芽力很强，经常通过整枝将其修剪成半球形。因为花开完到第二年花芽分化期的时间很长，所以花谢过后马上进行整枝是关键。特别是白蜡树比其他杜鹃花开得更迟，注意不要太晚修剪。杜鹃类的常绿树和落叶树，其树形和修剪方法也都不一样。要注意作为落叶树的杜鹃（三叶杜鹃、日本杜鹃花等）不能整枝。

通过整枝，沿着围墙造型的日本皋月大盃杜鹃。

# 条纹白蜡树

木樨科白蜡树属
常绿乔木
自然树高：10 m
目标树高：4 m
生长速度：迅速
日照条件：向阳处

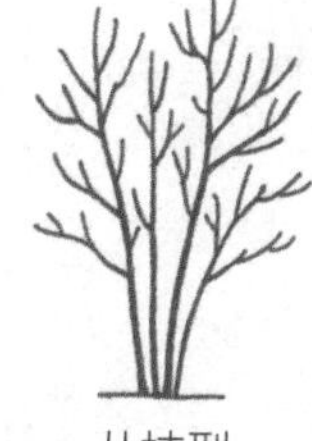
丛枝型

| 月 | 1 | 2 | 3 | 4 | 5 | 6 | 7 | 8 | 9 | 10 | 11 | 12 |
|---|---|---|---|---|---|---|---|---|---|---|---|---|
| 发育状态 |  | 生长停滞 |  |  |  |  |  | 生长 |  |  |  | 生长停滞 |
| 修剪 |  |  | 疏剪 |  |  | 疏剪 |  |  | 疏剪 |  |  |  |

**主要的修剪方法　疏剪**

**参考 32 页**（落叶树的修剪）、**48 页**（常绿树的修剪）

近年，条纹白蜡树作为绿荫树很受欢迎。和落叶树中的白蜡树不同，其耐寒性很差。一般流通的大多是丛枝型树形，需要在适期将缠绕混杂的树枝从其根部疏剪。因为它成长得很快，所以按照目标高度，在主干与侧枝的分叉处修剪主干，最好把原来的侧枝疏剪掉，换成更短的树枝。

丛枝型的条纹白蜡树。

# 石楠花

杜鹃花科杜鹃花属
常绿乔木
自然树高：4 m
目标树高：2 m
生长速度：缓慢
开花习性：老枝开花
日照条件：半日照

直立灌木

| 月 | 1 | 2 | 3 | 4 | 5 | 6 | 7 | 8 | 9 | 10 | 11 | 12 |
|---|---|---|---|---|---|---|---|---|---|---|---|---|
| 发育状态 | | 生长停滞 | | | | | 生长 | | | | | 生长停滞 |
| | | | | | 开花 | 花芽分化 | | | | | | |
| 修剪 | | | 疏剪 | | 摘取花蒂 | | | | | | | |

**主要的修剪方法** **疏剪**
**参考 48 页**（常绿树的修剪）、**62 页**（花木的修剪）

因为成长慢，树形也不会乱，只需要修剪缠绕的树枝。从树枝中间剪掉会使树枝枯死，所以一定要在分叉处修剪。开花期和花芽分化期时间很近，如果摘取花蒂，在花下面的花芽处就会迅速长出新枝并分化花芽。如果不摘除花蒂，就让它自然生长的话可能就无法形成下一年的花芽。

**●可以用同样方法修剪的树种**
山月桂。

剪掉花蒂，下面的芽就能生长。

映着初夏阳光的石楠花。

# 小叶青冈

壳斗科青冈属
常绿乔木
自然树高：15 m
目标树高：4 m
生长速度：迅速
日照条件：向阳

球形　绿篱

| 月 | 1 | 2 | 3 | 4 | 5 | 6 | 7 | 8 | 9 | 10 | 11 | 12 |
|---|---|---|---|---|---|---|---|---|---|---|---|---|
| 发育状态 | | 生长停滞 | | | | | 生长 | | | | | 生长停滞 |
| 修剪 | | | 疏剪、整枝 | | | 疏剪、整枝 | | | 疏剪、整枝 | | | |

**主要的修剪方法** **疏剪** **整枝**
**参考 48 页**（常绿树的修剪）、**84 页**（造型树的修剪）

生长旺盛的常绿树经常被用作绿篱。因为生长很快又过于茂密的内层树枝容易枯萎，所以要在每个适期从其根部疏剪无用枝以及拥挤的树枝。对于绿篱，如果每年只进行 1 次修剪，枝会变得很粗壮坚硬，这样就无法使用绿篱剪了，所以每年要进行两次（6—7 月上旬和 9 月）修剪。

**●可以用同样方法修剪的树种**
槲树。

小叶青冈的绿篱。

# 瑞香

瑞香科瑞香属
常绿乔木
自然树高：1 m
目标树高：1 m
生长速度：缓慢
开花习性：老枝开花
日照条件：半日照、遮阴

天生规范的树形

| 月 | 1 | 2 | 3 | 4 | 5 | 6 | 7 | 8 | 9 | 10 | 11 | 12 |
|---|---|---|---|---|---|---|---|---|---|---|---|---|
| 发育状态 | 生长停滞 | | | | | | 生长 | | | | | 生长停滞 |
| | | | 开花 | | | | 花芽分化 | | | | | |
| 修剪 | | | | 短截、整枝（花谢后） | | | | | | | | |

**主要的修剪方法** **短截** **整枝**

**参考 48 页**（常绿树的修剪）、**63 页**（花木的修剪）

即便放任不管树形也会变成圆形，所以几乎不需要修剪。在花谢后长出的新梢枝头，会形成下一年的花芽，所以要在花谢后立刻进行修剪。强度短截或是过深整枝等，都可能导致下一年花芽无法形成，树木变得脆弱。因此修剪时只修剪到有叶且是去年生出的树枝即可。

瑞香很容易长出规范的树形。

# 草珊瑚

金粟兰科草珊瑚属
常绿乔木
自然树高：1 m
目标树高：1 m
生长速度：缓慢
开花习性：老枝开花
日照条件：半日照、遮阴

拱枝型

| 月 | 1 | 2 | 3 | 4 | 5 | 6 | 7 | 8 | 9 | 10 | 11 | 12 |
|---|---|---|---|---|---|---|---|---|---|---|---|---|
| 发育状态 | | 生长停滞 | | | | | 生长 | | | | | 生长停滞 |
| | 结果 | | | | 开花 | | | | 花芽分化 | | | 结果 |
| 修剪 | 疏剪 | | | | | | | | | | | 疏剪 |

**主要的修剪方法** **疏剪**

**参考 65 页**（花木的修剪）

不显眼的黄绿色的花在初夏开放，从晚秋到冬天成熟会结出圆的红色果实。很多树枝都呈直立状，只疏剪掉拥挤的树枝和枯枝就足够了。因为结了果实的树枝在来年就不会结果实了，所以将其从根部剪掉。用树枝来做装饰也挺不错的。因为没结果实的树枝或者新的树枝，下一年发芽的可能性比较大，因此保留。寒冷时期进行修剪，强度修剪会使半数以上植株变得脆弱，所以要避免这种情况。

果实的颜色有红色和黄色。

# 广玉兰

木兰科木兰属
常绿乔木
自然树高：15 m
目标树高：7 m
生长速度：稍快
开花习性：老枝开花
日照条件：向阳

卵形

| 月 | 1 | 2 | 3 | 4 | 5 | 6 | 7 | 8 | 9 | 10 | 11 | 12 |
|---|---|---|---|---|---|---|---|---|---|---|---|---|
| 发育状态 | 生长停滞 | 生长停滞 | 生长停滞 | 生长 | 生长 | 生长 | 生长 | 生长 | 生长 | 生长 | 生长 | 生长停滞 |
| | | | | | | 开花 | | 花芽分化 | | | | |
| 修剪 | | | | 疏剪、短截 | | | | | | | | |

**主要的修剪方法** **疏剪** **短截**

**参照 48 页**（常绿树的修剪）

树高会年年增长，根据需要为了控制它的大小而进行修剪。从开花期到花芽分化期时间很短，所以开花后再修剪是不合适的。在春天的时候应一边确认短枝上的花芽一边进行修剪。没有花芽的长树枝，应该在分枝点剪短。修剪掉主干用别的树枝代替，使高的地方变低也是可能的。同时，将混杂着无用枝的部分修剪掉然后进行疏剪，并使其得到充分的日照，来年花芽就会变多。

广玉兰花直径将近 20 cm。

由于树高变高，要通过修剪控制树高。

# 山茶

山茶科山茶属
常绿乔木
自然树高：5 m
目标树高：3 m
生长速度：稍慢
开花习性：老枝开花
日照条件：向阳

天生规范的树形

圆筒形造型

| 月 | 1 | 2 | 3 | 4 | 5 | 6 | 7 | 8 | 9 | 10 | 11 | 12 |
|---|---|---|---|---|---|---|---|---|---|---|---|---|
| 发育状态 | 生长停滞 | 生长停滞 | 生长停滞 | 生长 | 生长 | 生长 | 生长 | 生长 | 生长 | 生长 | 生长 | 生长停滞 |
| | | | 开花 | | | | 花芽分化 | | | | | |
| 修剪 | | | 疏剪、整枝（花谢后）、短截 | 疏剪、整枝（花谢后）、短截 | | | | | | | | |

**主要的修剪方法** **疏剪** **短截** **整枝**

**参照 48、50 页**（常绿树的修剪），**62 页**（花木的修剪）

在早春开放的山茶，需要在开花后立即修剪。如果开花后修剪得迟了，新梢的生长就会更迟进入花芽分化期，来年的花芽就会变少。不管是开花的枝条还是不开花的枝条，都修剪到只剩下三四个芽即可。若要进行自然树形修剪的工作，则剪掉缠绕在一起的无用枝然后进行疏剪。若要进行圆筒状的整枝工作，则在开花后立即进行整枝，在粗壮的树枝的较深位置进行修剪使光能照射到内侧。

鲜艳的朱红色“南蛮红”。

# 檵木

金缕梅科继木属
常绿乔木
自然树高：5 m
目标树高：2 m
生长速度：稍慢
开花习性：老枝开花
日照条件：向阳、半日照

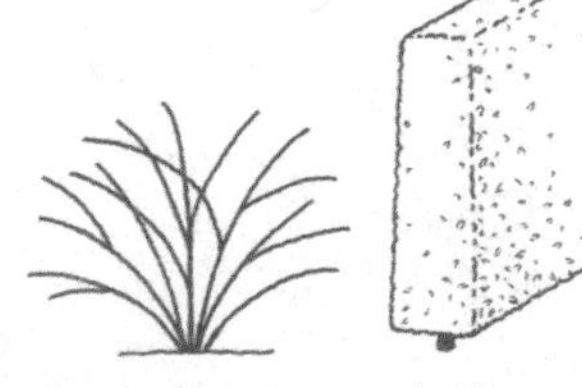

丛生灌木　　绿篱

| 月 | 1 | 2 | 3 | 4 | 5 | 6 | 7 | 8 | 9 | 10 | 11 | 12 |
|---|---|---|---|---|---|---|---|---|---|---|---|---|
| 发育状态 | | 生长停滞 | | | | | 生长 | | | | | 生长停滞 |
| | | | | | 开花 | | | 花芽分化 | | | | |
| 修剪 | | | | | 整枝（花谢后） | | | | | | | |

**主要的修剪方法　整枝**

**参照 48 页**（常绿树的修剪）、**63 页**（花木的修剪）、**84 页**（造型树的修剪）

由于檵木萌芽性很强且树枝纤细生长茂密，经常被用作绿篱。因为它是从根部生长出直立树枝的拱枝型，且枝条纤细垂落下来，为了将它作为绿篱，需要诱使最初的支柱挺立起来，引导其长高。因为在 8 月的时候来年的花芽将会分化，故修剪应该在开花后及早进行。

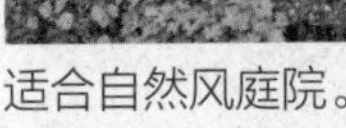

适合自然风庭院。

红花檵木常被造型成绿篱。

基本品种的花是淡黄色的。

# 南天竹

小檗科南天竹属
常绿乔木
自然树高：3 m
目标树高：1.5 m
生长速度：稍慢
开花习性：老枝开花
日照条件：向阳

丛生灌木

| 月 | 1 | 2 | 3 | 4 | 5 | 6 | 7 | 8 | 9 | 10 | 11 | 12 |
|---|---|---|---|---|---|---|---|---|---|---|---|---|
| 发育状态 | | 生长停滞 | | | | | | 生长 | | | | 生长停滞 |
| | | | | | | 开花 | | | 花芽分化 | | | 实 |
| 修剪 | | | 疏剪 | | | | | | | | | |

**主要的修剪方法　疏剪**

**参照 65 页**（花木的修剪）

因为南天竹会从根部伸展出很多的树枝混杂在一起，主枝需要留下 5 ~ 7 枝就可以了。仅是为了在秋天观赏果实，在 5—6 月开花后不能剪掉枝条。要一直等到春天，将结了果实的树枝，在根部和树枝中间芽的前部进行修剪并且疏苗。虽然结了果实的树枝第二年很难再长出花芽，但是前年没有结果的树枝就会长出花芽，并在 5 月左右开放。

即使植株变大，只要进行疏剪就可以给人以柔和的印象。

# 十大功劳

小檗科十大功劳属
常绿乔木
自然树高：3 m
目标树高：1 m ~ 1.5 m
生长速度：缓慢
开花习性：老枝开花
日照条件：向阳、半日照

丛生灌木

| 月 | 1 | 2 | 3 | 4 | 5 | 6 | 7 | 8 | 9 | 10 | 11 | 12 |
|---|---|---|---|---|---|---|---|---|---|---|---|---|
| 发育状态 | | 生长停滞 | | | | | 生长 | | | | | 生长停滞 |
| | | | | 开花 | | | 花芽分化 | | | | | |
| 修剪 | | | 疏剪 | | | 疏剪 | | | | | | |

**主要的修剪方法** **疏剪**

**参考 65 页**（花木的修剪）

十大功劳虽说生长很慢，没有必要进行繁多的修剪，但它会从根部长出几条枝干慢慢混杂在一起。从老枝中留下 3 ~ 5 条作为主枝。因为伸展得高的树枝下面的叶子会枯萎，所以要在从中间伸展出的其他的枝、芽的部分进行以枝换枝的疏剪。没有芽的地方如果被剪掉了就会枯萎，要多加注意。开过花后黑色的成熟果实会长时间附在上面致使植株疲惫，应尽早剪下。

十大功劳渐渐长高。

# 红罗宾石楠

蔷薇科石楠属
常绿乔木
自然树高：7 m
目标树高：2 m ~ 3 m
生长速度：迅速
日照条件：向阳

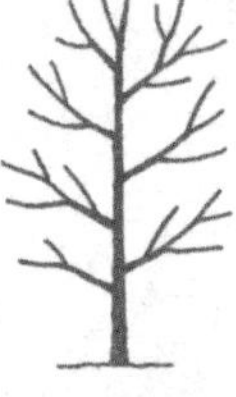

卵形

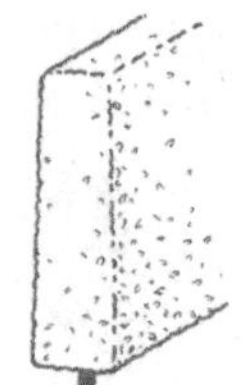

绿篱

| 月 | 1 | 2 | 3 | 4 | 5 | 6 | 7 | 8 | 9 | 10 | 11 | 12 |
|---|---|---|---|---|---|---|---|---|---|---|---|---|
| 发育状态 | 生长停滞 | | | | | | 生长 | | | | | 生长停滞 |
| 修剪 | | | 短截、整枝 | | | 短截、整枝 | | | 短截、整枝 | | | |

**主要的修剪方法** **短截** **整枝**

**参照 48 页**（常绿树的修剪）、**84 页**（造型树的修剪）

红罗宾石楠的特征是变红的新芽，多作为绿篱流通。虽然强健并且萌芽性良好，但因为生长速度很快，所有绿篱必须一年最少整枝两次。如果一年只整枝一次的话，树枝就会变得过于坚硬粗壮，不仅无法使用绿篱剪，也无法修剪上次的整枝线前面的部分，因此只会年年更加膨胀。粗壮的枝条需要用绿篱剪沿着整枝线在比较深的位置修剪。

有美丽红色新芽的“红罗宾”绿篱。

# 厚皮香

山茶科厚皮香属
常绿乔木
自然树高：7 m
目标树高：3 m
生长速度：缓慢
日照条件：向阳、半日照

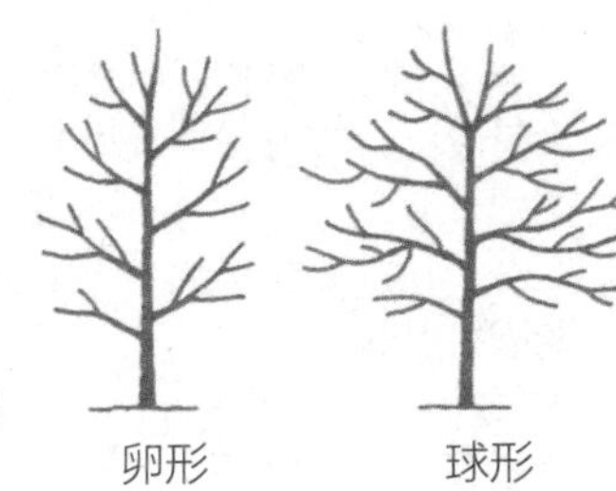


| 月 | 1 | 2 | 3 | 4 | 5 | 6 | 7 | 8 | 9 | 10 | 11 | 12 |
|---|---|---|---|---|---|---|---|---|---|---|---|---|
| 发育状态 | 生长停滞 | | | | | | 生长 | | | | 生长停滞 | |
| 修剪 | | | 疏剪 | | | | | | | | 疏剪（除了寒冷地区） | |

**主要的修剪方法** **疏剪**

**参考 48 页**（常绿树的修剪）

变成庭院标志的厚皮香。

厚皮香虽然拥有别具一格的外观，但与松树相比在栽剪上就需要花费很大的工夫。它的树叶生长在枝头，树枝轮生且很纤细，必须掌握能很好保持整体平衡的疏剪技术。另外，重剪会伤害树木所以被禁止。因为厚皮香生长速度很慢，所以一年进行一次修剪就可以，通常在 11—12 月，寒冷的地方则在初春进行。修剪时，剪掉枯枝和树干上长出的萌蘖枝条、混杂和纠缠在一起的树枝，在内侧的分枝点进行疏剪。使树木整体密度均等是疏剪的要点。在轮生的树枝中间进行挑选，留下 2 个左右朝着你想要的方向伸展的树枝即可。长的小枝条的话，中间如果有叶子，就将枝头剪掉使其分枝，剪到没有叶子的地方会使其枯萎，因此一定要剪有叶子的枝头。

长在枝头的树叶。图片是白覆轮品种。

**厚皮香的疏剪**

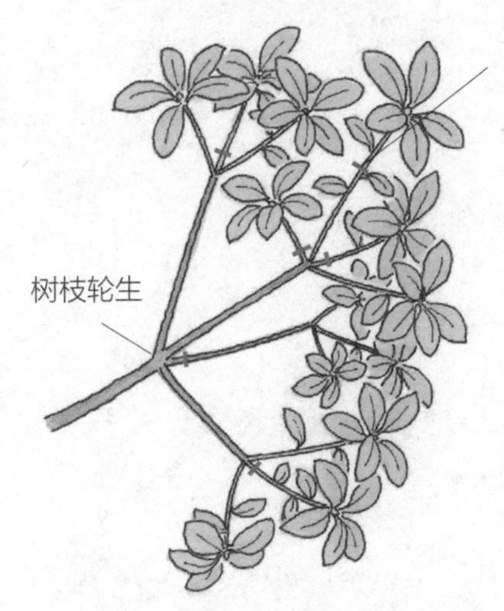


把重叠、混杂的树枝从根部疏剪。把中间有树叶的小树枝从树叶上面剪掉，使其分枝。

# 针叶树

（上图）长出球果的侧柏。
（左下图）以美国蓝杉“胡普斯”为主的花园。
（右下图）叶片颜色鲜艳的金叶花柏。

## 紫杉

（虽不是球果植物，但是因为针叶树比较便宜，就写在这里了。）
红豆杉科红豆杉属
常绿针叶树
自然树高：10 m
目标树高：2 m~4 m（根据修剪方式）
生长速度：缓慢
日照条件：向阳、半日照

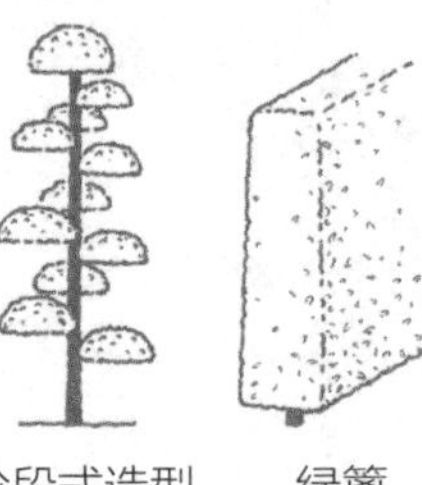


| 月 | 1 | 2 | 3 | 4 | 5 | 6 | 7 | 8 | 9 | 10 | 11 | 12 |
|---|---|---|---|---|---|---|---|---|---|---|---|---|
| 发育状态 | 生长停滞 | | | | | | 生长 | | | | | 生长停滞 |
| 修剪 | | | 疏剪、 | 整枝 | | 疏剪、 | 整枝 | | 疏剪、 | 整枝 | | |

**主要的修剪方法** **疏剪** **整枝**
**参考 82 页**（造型树），**90、92 页**（造型树的修剪）

有鲜艳的嫩绿色树叶的紫杉，常被寒冷地区用作造型树。因为萌芽力很强，所以经得住整枝，但是一定注意不要过深整枝直到没有树叶的地方，否则会无法萌芽。虽然紫杉不喜强度修剪，但是如果要强度修剪可以在春天 4 月上旬进行。在气温高的时候修剪，会导致剪口变成褐色非常难看，所以要遵守修剪适期。

**●可以用同样方法修剪的树种**

枷罗木。

雌树在秋天结出红色的果实。

紫杉的造型树。

# 龙柏

柏科圆柏属
常绿针叶树
自然树高：10 m
目标树高：2 m~3 m（根据修剪方式）
生长速度：稍快
日照条件：向阳

圆锥形（不能整枝）　绿篱

| 月 | 1 | 2 | 3 | 4 | 5 | 6 | 7 | 8 | 9 | 10 | 11 | 12 |
|---|---|---|---|---|---|---|---|---|---|---|---|---|
| 发育状态 | | 生长停滞 | | | | | 生长 | | | | | 生长停滞 |
| 修剪 | | 短截 | | | | 短截 | | | 短截 | | | |

**主要的修剪方法　短截**

**参考 70 页**（针叶树的修剪）、**82 页**（造型树）

龙柏是从很久以前就有的树种，因为无论用于和式还是西洋造型都很协调，所以推广至今。虽然它的形状天生就比较规范，但是树枝容易凸出来。因为用绿篱剪修剪后的树叶剪口容易变成褐色，所以可以用手摘去凸出树冠曲线的芽，或者用园艺剪修剪树枝部分，调整形状。由于过深修剪到没有树叶的部分会使树枝干枯，所以请注意修剪的位置。有时会凸出来尖尖的树叶，这是旺盛生长的返祖枝条，一定要从根部剪掉。

**●可以用同样方法修剪的树种**

阿尔伯塔矮云杉。

返祖的树枝。

经常被用作绿篱。

# 侧柏

柏科侧柏属
常绿针叶树
自然树高：2 m
目标树高：1 m
生长速度：稍慢
日照条件：向阳

球形

| 月 | 1 | 2 | 3 | 4 | 5 | 6 | 7 | 8 | 9 | 10 | 11 | 12 |
|---|---|---|---|---|---|---|---|---|---|---|---|---|
| 发育状态 | | 生长停滞 | | | | | | 生长 | | | | 生长停滞 |
| 修剪 | | | 短截、整枝 | | | | | | 短截、整枝 | | | |

**主要的修剪方法　整枝　短截**

**参考 72、74 页**（针叶树的修剪）

侧柏又称扁柏，其中新芽呈黄绿色的黄金侧柏比较常见。因为像手掌一样竖起的树叶大部分都立着，没有明确的树心，所以变成了圆的树形。因为长得太大会因积雪或者自身重量导致树枝容易折断，所以在侧柏长到目标大小之前就要开始进行短截、疏枝等，防止它长得过大。如果你想让它长高点，就不要对顶部整枝。球果类植物虽然萌芽力较强，但仍要避免整枝过深到没有树叶的部分。

**●可以用同样方法修剪的树种**

“莱茵藏金”北美香柏、球桧、“蓝星”高山柏等。

纵向排列的树叶看起来就像手掌一样立起来。

# 金叶花柏

柏科扁柏属
常绿针叶树
自然树高：1 m
目标树高：0.5 m
生长速度：稍慢
日照条件：向阳

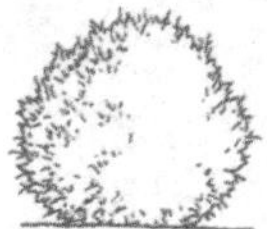

球形

| 月 | 1 | 2 | 3 | 4 | 5 | 6 | 7 | 8 | 9 | 10 | 11 | 12 |
|---|---|---|---|---|---|---|---|---|---|---|---|---|
| 发育状态 | 生长停滞 | | | | | | 生长 | | | | | 生长停滞 |
| 修剪 | | | 疏剪、短截 | | | 疏剪、短截 | | | 疏剪、短截 | | | |

**主要的修剪方法** **疏剪** **短截**

**参考 69 页**（针叶树的修剪）

金叶花柏树心不太直立，树形天生规范，所以不是那么需要修剪。其特点是树叶纤细、枝条下垂，所以不可以整枝，基本操作是疏枝。照不到光的树叶无法变成金黄色，所以要疏剪掉上下树枝重叠的部分和拥挤的树枝。要修剪生长旺盛的树枝，使其分枝。

美丽的金黄色树叶是金叶花柏的特征。也可以种在小的空间里。

# “冲天”落基山圆柏

柏科圆柏属
常绿针叶树
自然树高：5 m
目标树高：2 m
生长速度：迅速
日照条件：向阳、半日照

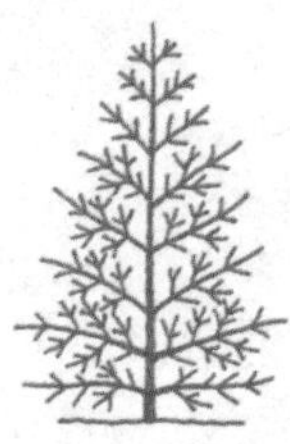

圆锥形

| 月 | 1 | 2 | 3 | 4 | 5 | 6 | 7 | 8 | 9 | 10 | 11 | 12 |
|---|---|---|---|---|---|---|---|---|---|---|---|---|
| 发育状态 | 生长停滞 | | | | | | 生长 | | | | | 生长停滞 |
| 修剪 | | | 短截 | | | | | | 短截 | | | |

**主要的修剪方法** **短截**

**参考 70 页**（针叶树的修剪）

“冲天”落基山圆柏和“蓝色天堂”落基山圆柏是同类的青白色球果植物，特征是最为细长的蜡烛状（锥形）树形。树在幼年时期就已经明确出 1 根树心了，而且树心慢慢会越来越明显。重要的是要经常修剪，保持只有 1 根树心，如果树枝太重会导致长枝先端折断。从根部疏剪生长旺盛的粗壮侧枝，留下生长力较弱的侧枝。

按照高低高低的顺序种下的 “冲天”落基山圆柏生长得很细长。

# “巴港”平铺圆柏

柏科圆柏属
常绿针叶树
自然树高：0.3 m
目标树高：0.2 m
生长速度：稍快
日照条件：向阳、半日照

横向伸展

| 月 | 1 | 2 | 3 | 4 | 5 | 6 | 7 | 8 | 9 | 10 | 11 | 12 |
|---|---|---|---|---|---|---|---|---|---|---|---|---|
| 发育状态 | 生长停滞 | | | | | | 生长 | | | | | 生长停滞 |
| 修剪 | | | 短截 | | | 短截 | | | 短截 | | | |

**主要的修剪方法** **短截**
**参考 69 页**（针叶树的修剪）

仿佛沿着地面爬行的横向扩展树形。修剪均匀铺展的强枝，使其分枝。如果上下树枝重叠，会闷住下面的树枝，容易导致树枝枯萎，所以要修剪重合的树枝。

**●可以用同样方法修剪的树种**

“蓝地毯”高山柏 、“母脉”平铺圆柏等。

横向铺展生长的“巴港”平铺圆柏。

可以用相同方法修剪的“蓝地毯”高山柏。

# “蓝色天堂”落基山圆柏

柏科圆柏属
常绿针叶树
自然树高：10 m
目标树高：3 m
生长速度：稍快
日照条件：向阳、半日照

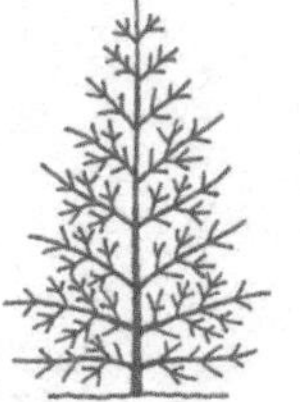

圆锥形（不可整枝）

| 月 | 1 | 2 | 3 | 4 | 5 | 6 | 7 | 8 | 9 | 10 | 11 | 12 |
|---|---|---|---|---|---|---|---|---|---|---|---|---|
| 发育状态 | 生长停滞 | | | | | | | 生长 | | | | 生长停滞 |
| 修剪 | | | 短截 | | | | | | 短截 | | | |

**主要的修剪方法** **短截**
**参考 70、73 页**（针叶树的修剪）

“蓝色天堂”落基山圆柏树心直立，且拥有明确的圆锥形树形。侧枝生长态势良好，如果放任生长会导致树枝竖直生长，扰乱树形，所以要每年进行修剪。因为树枝比较粗，所以不适合整枝。按照圆锥形的基本树形，将侧枝中途分出树枝从根部剪掉，留下向外生长的树枝作为替代。从根部疏剪长势旺盛而粗壮的侧枝，留下长势较弱的侧枝来构成圆锥形树形，更容易规整树形。降低树高的修剪一定要在春天进行，可以将直立的侧枝作为新的树心，在侧枝上方剪掉主干。

**●可以用同样方法修剪的树种**

优雅伊诗美、北美香柏“绿圆锥”、“欧金”崖柏、黄金扁柏、黄金柏等。

青色枝叶是“蓝色天堂”的特点。

# “翡翠绿”侧柏

柏科侧柏属
常绿针叶树
自然树高：8 m
目标树高：3 m
生长速度：稍快
日照条件：向阳

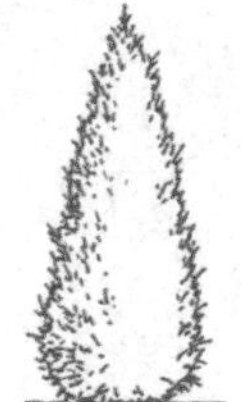
圆锥形

| 月 | 1 | 2 | 3 | 4 | 5 | 6 | 7 | 8 | 9 | 10 | 11 | 12 |
|---|---|---|---|---|---|---|---|---|---|---|---|---|
| 发育状态 | 生长停滞 | | | 生长 | | | | | | | 生长停滞 | |
| 修剪 | | | 整枝、短截 | | | | | | 整枝、短截 | | | |

**主要的修剪方法** **整枝** **短截**
**参考 70 页**（针叶树的修剪）

不易长出扰乱树形的树枝，天然形成圆锥形树形。这种树萌芽力较强，可以按照圆锥形的基本树形进行整枝。要注意一旦整枝过深至没有树叶的部分，可能会导致无法萌芽。最适合修剪的季节是春天，要避开高温时期修剪，因为剪口会变成褐色。

**●可以用同样方法修剪的树种**

优雅伊诗美、北美香柏“绿圆锥”、“欧金”崖柏、黄金扁柏、黄金柏等。

容易长成圆锥形的“翡翠绿”侧柏。

# 美国蓝杉“胡普斯”

松科云山属
常绿针叶树
自然树高：15 m
目标树高：3 m
生长速度：缓慢
日照条件：向阳

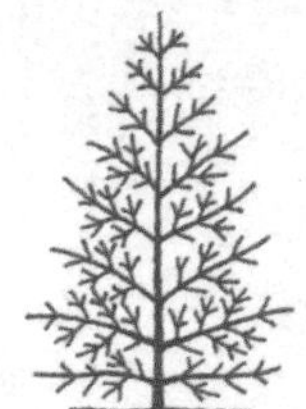
圆锥形（不可整枝）

| 月 | 1 | 2 | 3 | 4 | 5 | 6 | 7 | 8 | 9 | 10 | 11 | 12 |
|---|---|---|---|---|---|---|---|---|---|---|---|---|
| 发育状态 | 生长停滞 | | | 生长 | | | | | | | | 生长停滞 |
| 修剪 | | | 短截 | | | | | | | | | |

**主要的修剪方法** **短截**
**参考 70 页**（针叶树的修剪）

横向生长的粗枝构成了独特的树形，即便不修剪树形也天生规范。因为萌芽力较弱，中途剪断树枝会使其枯死，所以不能整枝。同样地，一旦剪去树心，就会导致无法萌生新的树心。只有在因为空间狭小必须剪短侧枝的时候才可以进行修剪。树枝会从一处分出 3 条或 4 条分枝，我们要从中间长枝的分枝点处把树枝剪短，并配合中间的树枝去修剪横向上的树枝。

**●可以用同样方法修剪的树种**

其他美国蓝杉品种、日光冷杉、德国云杉等。

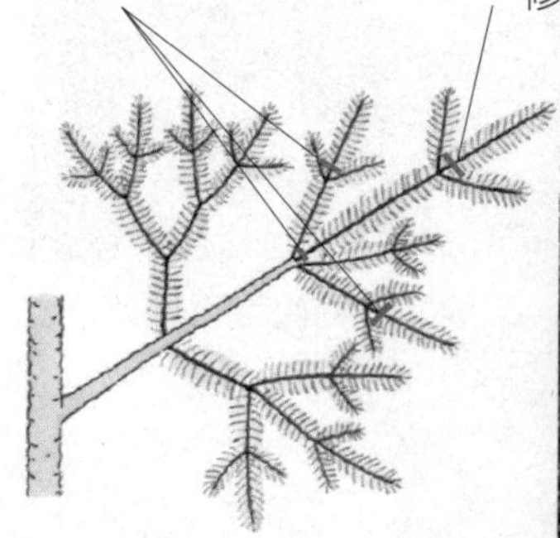

修剪长了 2 年的树枝时，也要修剪长了 1 年的树枝以保持协调。

带点蓝色的叶色很受欢迎。

# 松树

松科松属
常绿针叶树
自然树高：20 m
目标树高：2 m~5 m（根据修剪方式）
生长速度：稍快到慢之间（根据品种）
日照条件：向阳

曲干散玉式造型

| 月 | 1 | 2 | 3 | 4 | 5 | 6 | 7 | 8 | 9 | 10 | 11 | 12 |
|---|---|---|---|---|---|---|---|---|---|---|---|---|
| 发育状态 | 生长停滞 | | | | | | 生长 | | | | | 生长停滞 |
| 修剪 | | | | | 摘绿 | | | | | | 拔叶 | |

**主要的修剪方法** **摘绿** **拔叶**

**参考 88 页**（造型树的修剪）

常见的有黑松、赤松、五针松。松树的修剪和其他树种完全不同。因为松树缺乏萌芽能力，即便短截树枝也无法长出芽。另外松树极喜光，树叶过于密集会导致枝叶干枯。作为庭院树木的松树迎风傲雪能够塑造成非常有韵味的树形，但是要维持这个树形则需要进行每年两次的修剪，即春天的“摘绿”和秋天的“拔叶”。

被塑形成曲干的黑松。

摘绿是一种用手摘去春天长出的新芽的修剪作业。因为剪口会变成褐色，所以不能使用剪刀。从 4 月下旬开始长出的绿芽呈绿色的棒状，到初夏会形成顶芽和树叶。从一个地方会长出好几根绿芽，基本是从中选取呈 V 形的两根芽，然后将其掐到只剩一半的长度，再把其他绿芽从根部摘除。如果在 5 月中旬进行摘绿，会导致被摘掉半截的绿芽在节间长出断枝。倘若时间太晚，顶芽就无法形成。操作熟练的人可以按照自己的想法，通过选择留下哪个方向的新芽或是调整摘取新芽的长度，来控制长出的树枝的方向和生长态势。

拔叶是一种用手捋掉老叶的修剪作业。同时还可以扫落卡在树枝之间缝隙里的枯叶。清理枝叶使树枝间的缝隙也可以透进阳光，可以防止树枝的干枯。秋天气温下降能够更容易地摘掉老叶，所以拔叶要在 11—12 月进行。如果有缠绕的树枝和重叠的树枝，需要在这个时候疏剪干净。但是为了树可以过冬，必须留下一定量的树叶，要注意如果一次剪掉 70% 以上的树叶，树木就会有在冬季枯死的风险。

**摘绿**

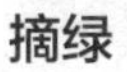

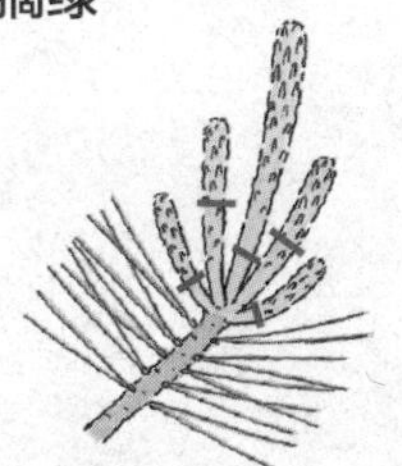

选择呈 V 形的两根新芽（摘绿的“绿”）并把它们掐去一半长度，从根部摘去剩下的新芽。

**拔叶**

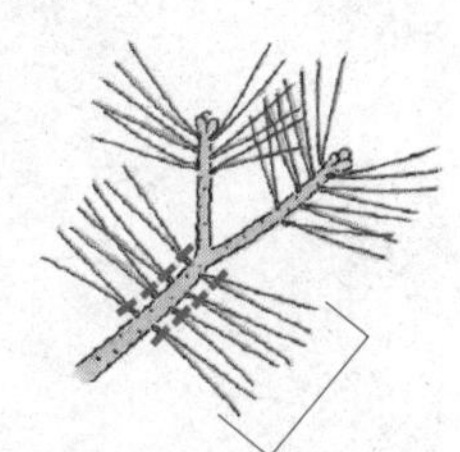

用手捋掉去年长出的老叶。

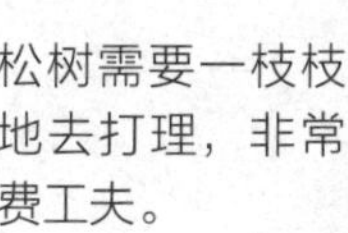

松树需要一枝枝地去打理，非常费工夫。

# 藤本植物

（上图）藤本蔷薇和铁线莲的竞演。
（左下图）夏季花木的代表——凌霄花。
（右下图）藤本忍冬的园艺品种。

## 木通

木通科木通属
落叶木质藤本植物
生长速度：迅速
开花习性：老枝开花
日照条件：向阳

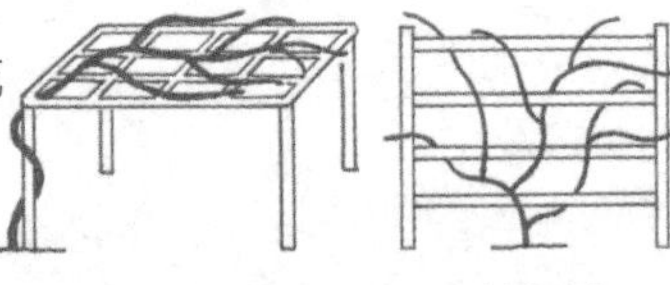


| 月 | 1 | 2 | 3 | 4 | 5 | 6 | 7 | 8 | 9 | 10 | 11 | 12 |
|---|---|---|---|---|---|---|---|---|---|---|---|---|
| 发育状态 | | 休眠 | | | | | 生长 | | | | | 休眠 |
| | | | | | 开花 | | 花芽分化 | | | 结果 | | |
| 修剪 | | 疏剪、短截 | | | 疏剪、短截（花谢后） | | | | | | | 疏剪、短截 |

**主要的修剪方法** **疏剪** **短截**

**参考 104 页**（藤本植物的修剪）

有 5 片小叶的木通和 3 片树叶的三叶木通，它们的性质是相同的。4—5 月分别开出雄花和雌花，然后在 10 月果实成熟。属于老枝开花，在 7—8 月前后，在充实度高的短枝上分化出下一年的花芽。以花后修剪为基本操作，为了留下开过的花，在花谢后剪去藤蔓的先端、萌糵和细弱的藤蔓。长得较长的藤蔓虽然不能长出花芽，但在修剪藤蔓先端时可以留下 5 节长度的藤蔓，在剩余的部分上容易长出短枝。对于缠绕在一起的树枝等，可以在果实成熟了的 11 月以后，边确认花芽边用同样的方式进行修剪。

**●可以用同样方法修剪的树种**

野木瓜、三叶木通等。

渐熟的木通果。

# 铁线莲

毛茛科铁线莲属
落叶木质藤本植物
生长速度：稍快
开花习性：老枝开花、新枝开花、新老枝开花
日照条件：向阳

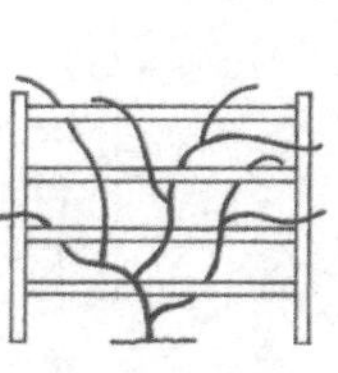
篱垣式

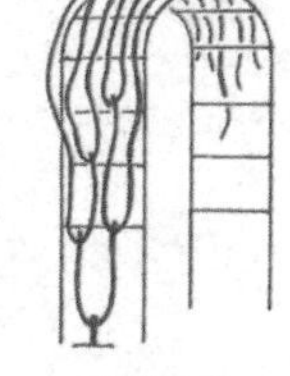
拱门式

## 老枝开花型

| 月 | 1 | 2 | 3 | 4 | 5 | 6 | 7 | 8 | 9 | 10 | 11 | 12 |
|---|---|---|---|---|---|---|---|---|---|---|---|---|
| 发育状态 | | 休眠 | | | | | 生长 | | | | | 休眠 |
| | 开花（根据品种有所不同） | | | | | | | | | | | |
| | | 花芽分化（根据品种有所不同） | | | | | | | | | | |
| 修剪 | | | 轻疏（花谢后立刻进行） | | | | | | | | | |

## 新枝开花型

| 月 | 1 | 2 | 3 | 4 | 5 | 6 | 7 | 8 | 9 | 10 | 11 | 12 |
|---|---|---|---|---|---|---|---|---|---|---|---|---|
| 发育状态 | | 休眠 | | | | | 生长 | | | | | 休眠 |
| | | 开花（根据品种有所不同） | | | | | | | | | | |
| | 花芽分化（根据品种有所不同） | | | | | | | | | | | |
| 修剪 | | 强疏 | | | 强疏（花谢后立刻进行） | | | | | | | |

## 新老枝开花型

| 月 | 1 | 2 | 3 | 4 | 5 | 6 | 7 | 8 | 9 | 10 | 11 | 12 |
|---|---|---|---|---|---|---|---|---|---|---|---|---|
| 发育状态 | | 休眠 | | | | | 生长 | | | | | 休眠 |
| | | 开花（根据品种有所不同） | | | | | | | | | | |
| | 花芽分化（根据品种有所不同） | | | | | | | | | | | |
| 修剪 | | 轻疏 | | | 轻疏（花谢后立刻进行） | | | | | | | |

**主要的修剪方法** **疏剪**

**参考 100、102 页**（藤本植物的修剪）

根据品种可以分为老枝开花型和新枝开花型，也有夹在中间的新老枝开花型，而它们的修剪方式也有所不同。虽然基本的修剪都是进行疏剪，但它们不只是修剪适期不同，连短截的强度和次数也有差异，所以有必要确认好品种和开花的类型。

老枝开花型是去年长出的树枝在冬天形成了花芽。而新枝开花型是冬天不形成花芽，在春天长出的新枝上长出花芽，并在 1 个月左右的时间里依次开花。另外，新老枝开花的树会拥有双方的特质，既在去年长出的树枝上长出花芽，又在春天新生的树枝上再次形成花芽并开花。

**老枝开花型** 树木的修剪在还没有长出下一批花芽的花后时期进行，在盛开的花的下一节位置进行轻度短截。如果短截力度过大，会导致树枝徒长，可能会无法长出下一年的花芽。

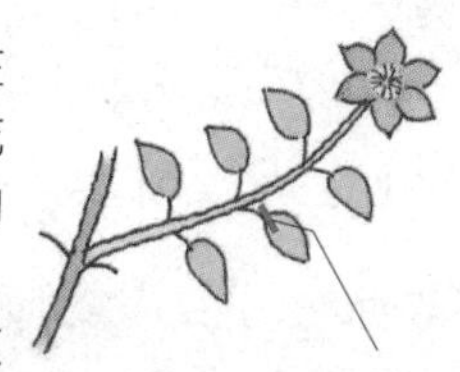
花谢后轻度短截

**新枝开花型** 树木的修剪在 2—3 月进行，对其进行强度短截，只留下距地表有 1~3 节的长度。四季开花，可以在春天的花差不多开完的时候再次进行修剪，1 个月左右之后又能开花。掌握好第二次开花、第三次开花后的修剪时机进行修剪，可以使花一直开到秋天。

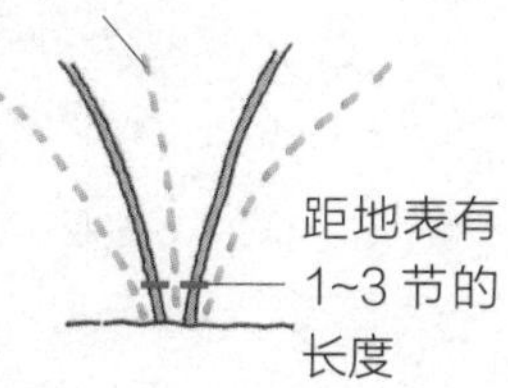


**新老枝开花型** 树木的修剪和新枝开花型树木的修剪有些接近。虽然冬天有花芽，但是如果在树枝上的7~10节进行轻度短截，就既能留下花芽，又可以催生出充实的新枝。和新枝开花型树木一样，可以重复进行花后修剪，直到秋天都可以赏花。但是从修剪到下次开花会有一段时间，所以花后修剪时进行轻度的短截是修剪要点。把长出的树枝剪去一半。

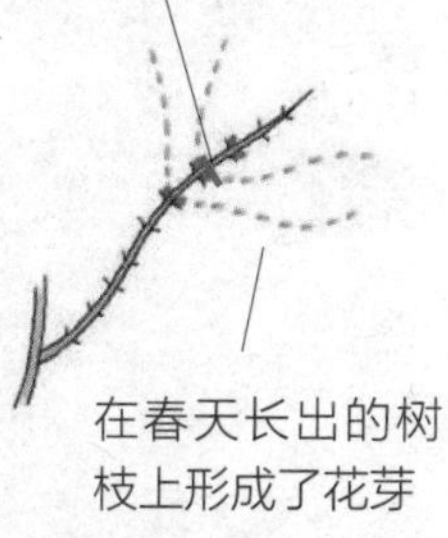

新老枝开花的“美纪子夫人”。

# 金银花

忍冬科忍冬属
落叶木质藤本植物
生长速度：迅速
开花习性：老枝开花
日照条件：向阳

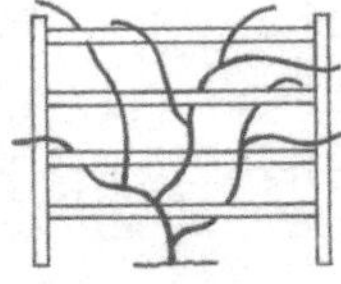

篱垣式

| 月 | 1 | 2 | 3 | 4 | 5 | 6 | 7 | 8 | 9 | 10 | 11 | 12 |
|---|---|---|---|---|---|---|---|---|---|---|---|---|
| 发育状态 | 休眠 | | | | | | 生长 | | | | | 休眠 |
| | | | | | 开花 | | 花芽分化 | | | | | |
| 修剪 | | 疏剪 | | | | | | | | | | 疏剪 |

**主要的修剪方法** **疏剪** **短截**

**参考 102 页**（藤本植物的修剪）

适合篱垣式造型，但是因为生长旺盛，藤蔓容易相互交叉缠绕。可以在容易看清藤蔓的落叶期进行修剪。藤蔓中间会长出大量的花芽，所以只要不是非常极端的强度短截，就不会不开花。把互相缠绕、交错生长的藤蔓从中间剪开，使藤蔓可以均匀分布。寒冷地区在进入 3 月以后修剪就不用担心树枝枯死了。

**●可以用同样方法修剪的树种**

藤本忍冬（园艺品种）。

白花慢慢变成黄色的金银花。

# 藤本蔷薇、木香花

蔷薇科蔷薇属
落叶木质藤本植物
生长速度：迅速
开花习性：老枝开花
日照条件：向阳

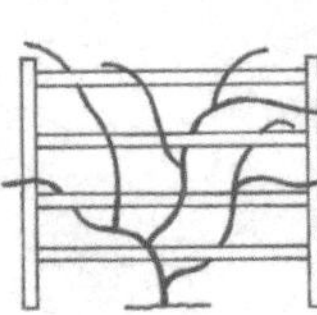

篱垣式

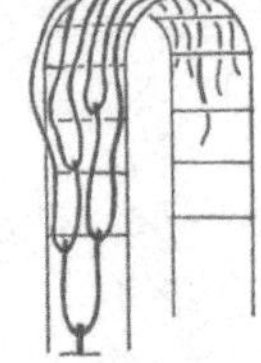

拱门式

| 月 | 1 | 2 | 3 | 4 | 5 | 6 | 7 | 8 | 9 | 10 | 11 | 12 |
|---|---|---|---|---|---|---|---|---|---|---|---|---|
| 发育状态 | | 休眠 | | | | | 生长 | | | | | 休眠 |
| | | | | | 开花 | | 花芽分化 | | | | | |
| 修剪 | 疏剪、 | 短截 | | | 疏剪、短截（花谢后） | | | | | | 疏剪、 | 短截 |

**主要的修剪方法** **疏剪** **短截**

**参考 100、102 页**（藤本植物的修剪）

在生长了 2~3 年的树枝上长出充实的新梢，花芽主要在 7—8 月在这些新梢上分化出来，在下一年盛开。要剪掉枯枝、缠绕在一起的树枝，而且因为细枝没有长出花芽所以也要剪掉。从根部剪掉大约小于 5 mm 粗的细枝，把去年开过花的树枝剪短到距根部有 3 节的程度。5 年以上（木香花是 3 年）的老枝要从根部剪掉使其更新为年轻的树枝，让植株重拾青春。木香花的修剪是在花谢后的 5 月进行，树枝过长会阻碍树枝先端的发育，要把开花的树枝短截到只剩 2~3 个芽。缠绕在一起的树枝可以在冬天进行修剪。

**●可以用同样方法修剪的树种**

和藤本蔷薇性质接近的灌木月季。

木香花。4 月中旬开始开放。

# 凌霄花

紫葳科凌霄属
落叶木质藤本植物
生长速度：迅速
开花习性：新枝开花
日照条件：向阳

杆式　　篱垣式

| 月 | 1 | 2 | 3 | 4 | 5 | 6 | 7 | 8 | 9 | 10 | 11 | 12 |
|---|---|---|---|---|---|---|---|---|---|---|---|---|
| 发育状态 | | 休眠 | | | | | 生长 | | | | | 休眠 |
| | | | | | | 花芽分化 | 开花 | | | | | |
| 修剪 | | | 短截 | | | | | | | | | |

**主要的修剪方法　短截**

**参考 106 页**（藤本植物的修剪）

在春天长出的新梢上形成花芽并在夏天开放的新枝开花型。因为冬天没有花芽，所以即便修剪也不用担心剪掉花芽，而且因为凌霄花适合在温暖地带生长，所以萌芽很晚，即便进入 3 月进行修剪也是安全的。凌霄花有着向上伸展的树枝无法形成花芽，下垂的树枝才能形成花芽的性质，所以建议把它修剪成直立式造型（垂悬式造型）。因为每年都要把上一年长出的树枝剪短到只剩 2~3 节，所以修剪比较容易。由于气根可以紧紧吸附在物体上向上攀援，所以凌霄花也可以比较容易地爬到粗大的树木支柱上。

**●可以用同样方法修剪的树种**

贯叶忍冬。

不畏酷暑，在盛夏也持续繁荣盛开。

# 紫藤

豆科紫藤属
落叶木质藤本植物
生长速度：迅速
开花习性：老枝开花
日照条件：向阳

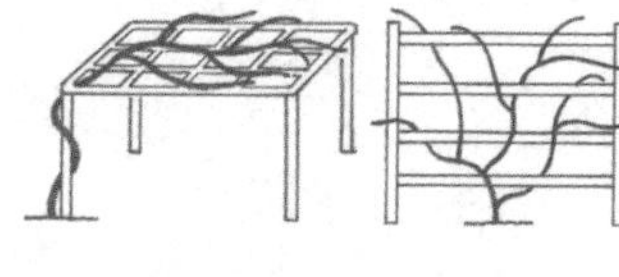

棚架式　　篱垣式

| 月 | 1 | 2 | 3 | 4 | 5 | 6 | 7 | 8 | 9 | 10 | 11 | 12 |
|---|---|---|---|---|---|---|---|---|---|---|---|---|
| 发育状态 | | 休眠 | | | | | 生长 | | | | | 休眠 |
| | | | | 开花 | | | 花芽分化 | | | | | |
| 修剪 | 疏剪、短截 | | | | 疏剪、短截（花谢后） | | | | | | | 疏剪、短截 |

**主要的修剪方法　疏剪　短截**

**参考 104 页**（藤本植物的修剪）

因为长串的花穗下垂，所以塑造成棚架式造型更能欣赏到它的美丽。7 月左右在去年长出树枝的短枝上形成花芽，并在下一年春天开花。因为在落叶期可以看清藤蔓，更容易确认花芽，所以以冬季的修剪为基本修剪。藤蔓有长枝（伸展很长的藤蔓）和短枝，因为短枝上有花芽，所以剪掉长枝留下短枝。再把无用的长枝从根部剪掉。另外，对树枝平衡布局而言不可缺少的长枝，可以短截剩下 5~6 节，到下一年会在上面长出短枝。对花芽分化而言日照是必需的，所以修剪拥挤部分的同时进行花后修剪会形成更多的花。但是要注意的是，在这个时期如果修剪强度过大，会长出很多长的藤蔓导致花芽生长情况恶化。

花瓣前端呈淡红色的曙藤（口红藤）。

图书在版编目（CIP）数据

小而美的庭院 . 花木修剪 /（日）上条祐一郎著；辛鑫译 . -- 南京：江苏凤凰美术出版社，2020.6

ISBN 978-7-5580-7000-6

Ⅰ . ①小… Ⅱ . ①上… ②辛… Ⅲ . ①庭院－花卉－观赏园艺 Ⅳ . ① S68

中国版本图书馆 CIP 数据核字 (2020) 第 064391 号

江苏省版权局著作权合同登记号: 10-2019-551

KIRUNAVI ! NIWAKI NO SENTEI GA WAKARU HON : NHK SHUMI NO ENGEI
by Yuichiro Kamijo

Original Japanese edition published by NHK Publishing, Inc.
This Simplified Chinese language edition published by arrangement with
NHK Publishing, Inc., Tokyo in care of Tuttle-Mori Agency, Inc., Tokyo

出版统筹　王林军
策划编辑　李雁超
责任编辑　王左佐　韩　冰
助理编辑　许逸灵
特邀编辑　李雁超
装帧设计　李　迎
责任校对　刁海裕
责任监印　张宇华

书　　名　小而美的庭院　花木修剪
著　　者　[日]上条祐一郎
译　　者　辛　鑫
出版发行　江苏凤凰美术出版社（南京市中央路165号　邮编：210009）
出版社网址　http：//www.jsmscbs.com.cn
总 经 销　天津凤凰空间文化传媒有限公司
总经销网址　http：//www.ifengspace.cn
印　　刷　北京博海升彩色印刷有限公司
开　　本　787mm × 1092mm　1/16
印　　张　11
版　　次　2020年6月第1版　2024年1月第2次印
标准书号　ISBN　978-7-5580-7000-6
定　　价　68.00元

营销部电话　025-68155790　营销部地址　南京市中央路165号
江苏凤凰美术出版社图书凡印装错误可向承印厂调换